人类的进化已经趋于停止，基础科学也出现了"触顶"现象。
未来的发展出路在何方？

出壳时代

科技体引领人类走向大转折

Breaking free from the shell

a great transition for mankind as guided by science and technology

韦火 著

广东科技出版社 | 全国优秀出版社

·广 州·

图书在版编目（CIP）数据

出壳时代：科技体引领人类走向大转折 /韦火著. —广州：广东科技出版社，2020.11
ISBN 978-7-5359-7423-5

Ⅰ.①人… Ⅱ.①韦… Ⅲ.①物种进化—普及读物②未来学—普及读物 Ⅳ.①Q111-49②G303-49

中国版本图书馆CIP数据核字（2020）第230079号

出壳时代——科技体引领人类走向大转折
Chuqiao Shidai — Kejiti Yinling Renlei Zouxiang Dazhuanzhe

出　版　人：朱文清
责任编辑：刘锦业
封面设计：彭　力
责任校对：于强强　杨峻松
责任印制：彭海波
出版发行：广东科技出版社
　　　　　（广州市环市东路水荫路11号　邮政编码：510075）
销售热线：020-37592148 / 37607413
https://www.gdstp.com.cn
E-mail：gdkjcbszhb@nfcb.com.cn
经　　销：广东新华发行集团股份有限公司
排　　版：创溢文化
印　　刷：广州市彩源印刷有限公司
　　　　　（广州市黄埔区百合三路8号　邮政编码：510700）
规　　格：787mm×1 092mm　1/16　印张16.5　字数330千
版　　次：2020年11月第1版
　　　　　2020年11月第1次印刷
定　　价：58.00元

序言一

2019年6月从北京赶到东莞讲课，当晚十多个朋友安排了晚宴，说是给我洗尘。韦火教授专程从广州赶来，还带了他刚刚出版的章回体论著《科技创新300年》。我的同事左朝胜当场告诉我，这是韦火厚积薄发近年来一口气写出的百万字科技读物之一。书的内容自然成为我们佐酒的谈资。朋友数年未见，不知不觉，都喝醉了。第二天早餐时，我抱怨老左，昨夜怎么不提醒我和韦火告个别？老左听后哈哈大笑："他上车回广州时，你们俩抱成一团，别人掰都掰不开呢！"

两个多月后，我收到韦火的长篇科幻小说《达尔文之惑》（三部曲）。他想象了科学技术在不远将来的一幅幅发展图景，通过《祖先秘史》《拯救人种》《纠缠死神》三个情节连贯又相对独立的故事，竟巧妙地"解开"了困扰人类一百多年的"达尔文之惑"，厉害不？又过一年，他寄来即将付梓的这本《出壳时代》，并让我作序。小心翼翼地婉拒终究抵不过一本正经的盛邀。

和这种人做朋友，自豪归自豪，但压力也很大，因为他总是让你有所参照地减少休闲时间；并逼着你踮起脚，去够那些本来够不着的东西。

1

用了双休日整整两天，看完了《出壳时代》的初稿。共鸣、顿悟、困惑、求索……读一本书，能在思想上引起这么大的波澜，我的确很久没有体验过了，所获颇丰之余，竟很乐于借作序的机会谈些认识和体会。

《出壳时代》的要义是"人类的进化已经趋于停止，基础科学也出现了'触顶'现象。"作者由此提出了"壳"的概念。地球引力就像一个无形之壳，这个壳囊括了人类自身在内的一个系统，万事万物数十亿年来一直在这个封闭的系统中流转。壳内的无数个故事演绎到今天，正在接近尾声，但作者以乐观主义的情怀告诉人们：科学的精彩不会终结，人类的传奇仍将延续。他给出的破局之道是"出壳"。人类出壳后的生产生活场景，将不再是区区5.1亿平方千米的地球家园，而是太阳系、银河系乃至整个宇宙。人类进化的延续有赖于此，科学的进一步发展也有赖于此！

韦火曾在高校和地方从事科技管理工作，也曾担任过国际科普组织的重要职务。长期的积累和潜心钻研让他对科学和技术发展规律有着系统性的深刻认知，并形成了许多独到的见解，这些都体现在《出壳时代》的字里行间。一条绚丽多彩的人类进化长廊，一幅波澜壮阔的科技发展画卷。二十多万字的书稿承载了人类走出地球的磅礴诗篇，气势恢宏地包罗了科学和技术发展的林林总总，无所不至地涉猎几乎所有重要领域，物理、材料、化学、医学、生物、电子信息、航空航天、网络、人工智能、大数据、区块链……既有历史的回顾，也有现实的反思，更有未来的展望。

事实上，无论"双停滞"还是"出壳"，若被学术界乃至全社会广泛认同，无疑还需要更多的实验和证据来支撑。就像工业的发展需要技术的积累一样，科学的发展也需要知识的积累和时间的沉淀，而这个过程从来都不是一帆风顺的。

拿物理学来说，我们都知道这个领域的自然规律非常复杂，那么这个复杂性究竟是有限的还是无限的？如果是有限的，即使是"出壳"，物理学的发展也终将会有停滞的一天。但目前，谁都没有答案。

19世纪末，经典物理学已经相当完善。那时的很多科学家都以为物理学已经"触顶"，但其后发生的一场革命促使了现代物理学的诞生。相对论和量子力学如今已经成为现代物理学的两大支柱。20世纪后半叶，科学家们提出了大爆炸理论并建立了宇宙标准模型，用以解释宇宙万物的起源；又相继建立了标准粒子模型，用来描述夸克、轻子等基本粒子的性质；统一了电磁力、强相互作用力和弱相互作用力。现在是"三缺一"，只差万有引力。科学家们最大的梦想便是建立一个大统一理论，用以描述自然界中的所有现象。当前，观测手段的限制似乎成为现代物理学发展的瓶颈。

在我看来，《出壳时代》最有价值的地方，并不是作者提出的"双停滞"判断及"出壳"设想本身，而在于为我们展现了一种审视科学技术发展规律的全新视角，以及在自然变迁（而不仅仅是人的认知）的时空尺度框架下，把握人类文明演进逻辑的宏观思考。此外，书中还有众多不落窠臼的新概念和详略得当的知识点，都让人时而掩卷遐思，时而拍案称奇。

2

《出壳时代》关于"科学""技术"和"科技体"的精彩论述及独到见解尤其可圈可点。科学和技术是什么关系？考察最近300年的人类历史，我们能够找到很多案例：技术发明促进科学发现，或科学发现引领技术发明。

著名科技史学家W.C.丹皮尔在《科学史及其与哲学和宗教的关系》一书中说："科学过去是躲在经验技术的隐蔽角落辛勤工作，当它走到前面传递而且高举火炬的时候，科学时代就可以说已经开始了。"这个"科学时代"发端于第二次工业革命。此前，发明家的成就一般要靠实际生活需求来推动。但到了19世纪六七十年代，人们看到为了追求纯粹的知识而进行的科学研究，开始走到实际应用和发明的前面，并且启发和引领实际应用和发明。

《出壳时代》为读者展示了"科学时代"开启百年之后的大趋势，即科学和技术的融合。的确，二者之间的界限今天越来越模糊，呈现出科学技术化和技术科学化的特征。从形成一种新知识到把这种知识运用到产品和工艺中，所用的时间也在不断缩短。甚至还有一部分科学正在变成技术，材料科学、基因科学、人工智能等很多领域的发展都提供了这方面的例证。技术越新，包含的科学知识越密集。另外，科学的进步也越来越依赖最新技术装备的支持。

凯文·凯利在《技术想要什么》一书中原创了一个英文单词"Technium"，中国台湾学者将其译为"科技体"，大陆学者很快也采用了"科技体"的译法。韦火认为，"科技体"的意译更准确地表达和延伸了作者的意图，就是要把科学和技术看作是一个整体，进而阐述这个整体自身的演化规律。

和我微信交流时，韦火曾做过一个"橄榄"的比喻。他认为"橄榄"的两端分别是科学和技术，而中间部位是科技体。在这个问题上，我与韦火的观点略有不同。尽管相互融合是大趋势，但总的来说，科学和技术的各自主体还远未合二为一。所以，我宁愿拿一个"哑铃"来替代韦火的"橄榄"。当然，"哑铃"的中间部位正不断壮大。即使将来有一天，"哑铃"真的变成了"橄榄"，"橄榄"两端也仍将是独立的客观存在，否则就不能称其为"橄榄"了。

3

就当下中国科学和技术发展而言，我同时还想强调两者的不同。迄今为止，大多数中国人，包括不少科技管理工作者都搞不清"科学"和"技术"的确切含义及其区别，而这些在《出壳时代》中都有很多精辟的论述，我深以为然。

传统上，科学和技术是两个完全不同的概念。简单地说，技术背后的道理是科学，而规律的运用是技术。科学帮助我们认识和发现自然，技术帮助我们征服和改造自然。科学解决"是什么"和"为什么"的问题，技术解决"做什么"和"怎么做"的问题。一般而言，科学以知识形态存在，而技术以物质形态存在。

汉语里"科技"这个简称给我们带来很多困扰。它把中国人搞糊涂了，认为科学和技术差不多，没什么区别。比如，"高科技"在中国是一个很热的词。虽然对"高科技"的概念似懂非懂，但很多人张口闭口都是这三个字。这种既不准确也不科学的中文表达，把全社会带入了一个认识上的误区。他们不知道，科学只讲大小，不论高低；而技术只讲高低，不论大小。

"大科学"（Big Science）是国际科学界提出的概念。美国科学家普赖斯于1962年发表了题为《小科学、大科学》的著名演讲。他认为第二次世界大战（简称"二战"）前的科学都属于小科学，从二战时期起，进入大科学时代。就其研究特点来看，主要表现为：研究目标宏大、多学科交叉、参与人数众多、投资强度大、需要昂贵且复杂的实验设备等。

"高技术"（High Technology）的提法也源于美国，是一个历史的、动态的、发展的概念。国际上对高技术比较权威的定义是：高技术是建立在现代自然科学理论和最新的工艺技术基础上，处于当代科学技术前沿，能够为当代社会带来巨大经济、社会和环境效益的知识密集、技术密集的技术。

所以，我们可以讲"大科学"，但不可以讲"高科学"，英文里压根儿就没有"High Science"之说。把中国人所说的"高科技"翻译成英文，只能译成"High Technology"，而不能译成"High Science and Technology"。

弘扬科学精神不是一句空话。各界人士讲话、文件起草及媒体报道，在概念的表述上必须做到精准，而不能似是而非。人们至少应该明白，中国人耳熟能详的"高科技"，其实就是高技术，与"科"字并不相干。比如我们常说的"高科技企业"，其实是"高技术企业"。

谈论这个事有意思吗？当然有意思，而且有大意思。这可不是矫情！事实上，由概念不清导致的行为偏差，已经、正在和将会严重阻碍中国科学技术事业的发展。科学研究和技术开发，它们的目标任务不同，途径方法不同，因而管理和考评手段也不同。用管理科学研究的办法管理技术开发，或者用管理技术开发的办法管理科学研究，都是行不通的。

科学属于上层建筑，而技术则是经济基础的一部分。科学的发展往往能颠覆人类对宇宙的根本认识，让世界观发生彻底改变。科学研究的成果一般与生产实践没有直接关系。技术的进步却通常可以立竿见影地惠及大众，造福百姓。

科学是分学科的，还有基础科学和应用科学之分。一些科学有应用价值；一些科学现在没有应用价值，将来可能有；还有一些科学永远都没有应用价值。很多科学研究只是为了揭示自然规律，探索宇宙奥秘。就基础科学而言，我们尤其不能片面、机械、僵化地理解和强调"理论联系实际"。基础科学对技术开发的巨大支撑和引领作用，往往都是"无心插柳柳成荫"。

在我看来，科学研究没有"没用"的。科学，探索的是自然的规律。人们每掌握一条规律，都是一次自然认知的升华，从而在更高的精神境界中生产和生活，直至创造出新的文明。

兴趣是人类最好的老师，也是推动科学发展的最强大和最持久的动力。很多科学研究只是为了满足好奇心，我们的天性使然。人类渴望了解这个世界，迫切地想要知道我是谁？我从哪里来？我到哪里去？所有的文化，包括宗教在内，都是在尝试回答这些问题时给出不同的答案。而科学的使命就是要不断地揭示宇宙的本质和真相，也只有科学探索才能找到正确的答案。在此过程中，科学能够促进人的全面发展，进而推动整个人类文明的进步。科学的去功利化在中国注定是艰难的，同时也是紧迫的，它首先要求我们超越对科学的肤浅理解。

说得太远了。回过头看，《出壳时代》的"出壳论"容易引人入胜，让人幻想，但它毕竟不是一本睡前读物。对那些爱钻研、肯思考的人来说，这本书的"引进、消化、吸收、再创新"是快乐的事，但不是轻松的事。我的体会是，哪怕就其涉及的某一个或某几个问题，你真正想一想，琢磨一下，那么获得感也就来了。是为序。

刘亚东

2020年9月10日

（本序作者为著名科技评论家、范长江新闻奖得主、《科技日报》原总编辑、南开大学教授）

序言二　他时一笑后，未来几人存

　　新型冠状病毒肺炎疫情之后，再读《出壳时代》的定稿，更加敬重韦火教授仰望星空的执着与努力。之前已经拜读过他的《科技创新300年》一书和皇皇三卷硬科幻《达尔文之惑》，这位集医学和哲学专业于一身的双料博士，一直没有放弃对科学近乎宗教式的情怀，一直没有放下对科技进程与人类命运的关切。

　　这一次，他琢磨的是地球人未来的出路。估计除了上帝，没人敢发笑，除了科幻小说，没人会发问。其实，超载的地球一直不断地发出讯号，包括这一场几乎让地球停摆的新型冠状病毒肺炎疫情，都在印证着地球这个蛋壳的脆弱。

　　原来，我们全都生活在一个"蛋壳"里，好笑吗？不要急着笑，先看一个令人不安的"好消息"。由"全球生态足迹网络（Global Footprint Network）"及英国智库"新经济基金会"共同提出的地球超载日测算结果公布，2020年的地球超载日定格在8月22日，这意味着就在这一天，人类已经正式用完了地球本年度可再生的自然资源总量，在这一年剩下的日子里，地球即将进入"生态赤字"状态。这笔超支的成本包括砍伐森林、渔业破坏、淡水稀缺、水土流失、生物多样性损失及大气中二氧化碳的积累，导致气候变化和更严重的干旱、火灾和飓风。毫无悬念的是，50年来的测算结果显示，地球超载日这个"年度透支时间点"在不断前移，2019年已经到了7月29日。2020年的这个好消息是说，50年间不断前移的地球超载日，罕见地推迟了24天。因为新型冠状病毒肺炎疫情，全部地球人被迫安静下来。

安静下来的地球人不妨思考一下其中的奥妙和不妙。耗散及加速度的恶性透支，停滞及不易察觉的危险，内耗及不管不顾的窝里斗，在《出壳时代》中有着客观而惊心动魄的真实描述。在列举了科学与技术几百年来进步与合体的种种事例、层层节点后，无不自嘲地说：人类的昨天和今天，就是生活在这样一个跟蛋壳并没有实质性区别的无形之壳中，人们千百年来苦苦追求的至高无上的"自由"世界，充其量也就是蛋壳里的一点点自由罢了。

如果只是取笑和悲观长叹，那么五花八门的世界末日论足以满足大家的好奇和悲悯之心。《出壳时代》完全不同的特质在于，作者有着严格的科学训练、严肃的科学精神、严谨的科学思维，他看到了科技体的巨大活力和在可见未来的巨大潜力，相当于为人类离开地球这个蛋壳之时制造着新的铠甲和装甲。因而，作者的乐观和达观有了扎实的科学基础和可能性、可行性。同样，作者的悲观和悲悯更有着可知可感的条件和现实依据。他对地球和人类命运的科学把脉和严谨推论，他对人类"出壳"之后的大伸展出路、大移民设想，便不能说是杞人忧天的妄想和奢望。

远忧近虑的万般求索，升级演化出一种深谋远虑。如果说，霍金和凯文·凯利预言了人类的未来向何处去，科技的未来能够做什么，那么《出壳时代》就是认真地探讨了人类未来怎么走，科技未来怎么干。因而，作者有理由乐观地展望说：第三次技术革命发生在科技5.0时代，科技体壮大后开始发威，科学、技术与社会三者已紧密关联，以计算机应用为代表变革的是"人类与世界连接"的方式，不管是自动化还是数字化都反映了这点。照这样推断，所谓的第四次技术革命理当更为壮观，应该是科学、技术、社会与人的高度互动，科技体将进一步焕发新活力，变革的是"人类自身"。从近年来繁荣热闹的太空探险到星际探索，作者仿佛看见了未来的新空间和新路径，于是他才敢大声地说出来：现在出壳"预变"的迹象已经显露，这正是顺势而为将"创新驱动"逐步演化、上升到"出壳驱动"的时候。

推演科技体蜕变带来进化边界的突破时间，作者定在今天之后700年——相对于人类的历史、地球的年龄，都不算太长。到那时候，再笑也不迟，再怎么笑也不为过，希望到了太空的人和上帝，都可以继续笑吧。

曹　轲

2020年9月2日

（本序作者为资深媒体人、南方报业集团

副总、南方都市报原总编辑）

目录 contents

开篇　什么是"双停滞" / 001

一　起因 / 005

  1.　无形之壳 / 006

  2.　进化的拐点 / 022

  3.　前奏曲 / 038

二　伴行 / 051

  1.　伴行之前的科学和技术 / 052

  2.　小荷初露尖尖角：科学单倍体 / 058

  3.　淡泊风前有异香：科技体孕育 / 067

  4.　争来入郭看嘉莲：科技体成形 / 076

  5.　映日荷花别样红：科技体壮大 / 090

  6.　荷枝来年出水央：科技体发威 / 102

三　趋势 / 117

  1.　再次踢翻"珍妮纺车" / 118

  2.　打破垄断魔咒 / 130

  3.　史上最牛气的基础设施 / 137

4. 科技体的失重化发展 / 145

5. "太空游"意义非凡 / 155

6. "地外医疗"别开生面 / 165

7. 再现人口剧增的"婴儿潮" / 172

8. "芝麻开门"观念变 / 183

9. 千里之行始于足下 / 195

10. 向智慧星系进化 / 201

四　险兆 / 211

1. 加速地球家园毁灭 / 212

2. 仇恨向太空延续 / 216

3. 引狼入室 / 218

4. 灾难事件引发冲突 / 221

5. 鞭长莫及导致失控 / 223

五　结局 / 227

1. 一步步远离家园 / 228

2. 进入更大的无形之壳 / 234

3. 实现文明大跨越 / 239

参考文献 / 245

开篇

什么是"双停滞"

一方面人类自身的机体进化已明显趋于终止，
另一方面自然科学的发展也尽显疲态，
这就是所谓的"双停滞"现象。

人类未来的发展，从来没有像今天这样备受关注，2020年突如其来的一场新型冠状病毒疫情更让人感受到了这一点。当人们还在为人口迅速膨胀、资源过度采掘、生态环境恶化等全球性问题而担惊受怕的时候，却猛然发现，更可怕的危机不在于发展得太快、太急，而与之恰恰相反的是，发展出现了停滞趋势。这种危机正从两个方面日益显露出来，一方面人类自身的机体进化已明显趋于终止，另一方面自然科学的发展也尽显疲态，这就是所谓的"双停滞"现象。

作为动物界的一个物种，人类目前的生命形式已经很适应地球环境，适者生存的自然选择动力几乎消失殆尽，失去了隔离生态那样的条件，进化的停止趋向似乎难以阻挡。而生物学常识告诉我们，一个物种一旦终止了进化可不是什么好事，也许离灭绝的命运就不远了。缺乏继续进化的动力，往往意味着被自然淘汰的可能性增大，这也是物种多样性不断下降的直接原因。避免遭淘汰的一个重要条件是要持续进化，就连病菌这样的弱小生物也在进行着耐药性变异，要不然早被人们的抗生素消灭光了。

与自身进化趋于停止同样令人不安的是，自然科学的基础研究最近半个世纪也黯然失色，"触顶"现象已经非常明显。粒子物理研究作为基础科学中的基础，自从标准模型提出以来几乎寸步难行，耗费巨资兴建的大型对撞机，撞了几十年也没撞出多少名堂，让科学界越来越失望。如今的网络技术、AI（人工智能）研究、5G（第5代移动通信技术）通信等，表面上仍在如火如荼地发展着，其实都是过去微电子学的技术延伸，老本也快要吃光了。技术进步失去科学源头就会渐渐完全枯竭，目前全球经济发展的持续疲软正缘于此。

"双停滞"之所以是人们走向未来的根本性危机，就在于近300年人类与科学技术的关系发生了微妙而深刻的变化。众所周知的是，在古猿从动物界脱颖而出之后的数百万年内，人类一直按照适者生存的自然天条一点点缓慢进化着，即使进入了文明时代的几千年间，也仿佛是在泥泞的羊肠小道上匍匐前行。然而工业革命以后情况骤变，人类社会的发展一下就驶入了快车道，翻天覆地的巨变随之到来。这种前所未有的迅猛变革，并非自然进化使然，而要全面归功于科学技术的强劲引领。实际上，科学技术早已超越了当初在知识体系和技能层面上的含义了，而像是一种神明般存在的具有生命活性的"科技体"，它携手人类翻开了历史的新篇章。

回头顾望，人类从昨天一路走来，最大的收获就是遇到了"科技体"这个伴行者，并与之建立了难解难分的联系。而今，人类与这个伴行者在继续前行的道路上双双遇阻，成了将要共同应对危机的"难兄难弟"。因而，明天的人类史无论怎样写就，都将会与"科技体"紧紧地绑缚在一起。

一

起因

　　小鸡一旦破壳而出，便意味着摆脱了蛋壳的封闭系统，迈向了一个全新的广阔世界。

　　小鸡的这种出壳过程，跟人类正在由今天走进明天的历史跨越颇有几分相像。

　　实际上，人类也将在科学技术引领下走向一个全新的出壳时代。

如今人们都知道，鸡蛋是一个相对封闭的活性系统。鸡胚胎在蛋壳里面孵化的时候，要么是靠老母鸡的体温，要么是靠人工恒温装置，跟外界主要是进行能量交换。虽然蛋壳上有肉眼看不见的一些微孔能"呼吸"，但除此之外基本上不与外界进行物质交换，轰轰烈烈的生命发育过程全在封闭的蛋壳内自主完成。经过21天左右的孵化，小鸡一旦破壳而出，便意味着摆脱了蛋壳的封闭系统，迈向了一个全新的广阔世界。小鸡的这种出壳过程，跟人类正在由今天走进明天的历史跨越颇有几分相像，实际上，人类也将在科学技术引领下走向一个全新的出壳时代。

1. 无形之壳

我们生活的地球其实也一样封闭，从它46亿年前形成至今，跟外界主要是进行着能量交换，阳光普照大地，滋润万物生长，除了这一最主要的交换方式之外，地球与浩瀚无垠的宇宙几乎不存在物质交换。事实上，我们确实是居住在一颗"孤独的行星"上，唯一绕着地球转的小伙伴——月球离我们最近，距地球的平均距离也有38万多千米之遥。太阳系的各大行星离我们就更遥远了，靠近太阳一侧离我们最近的行星是金星，它离地球的平均距离约为4 100万千米，更内侧的水星距地球的平均距离约有1.5亿千米。外侧最近的邻居则是火星，它离地球的平均距离超过了2亿千米。假如把地球压缩为一辆50座大客车的大小，那么金星就像一辆39座的中型客车行驶在内侧大约40千米之外，水星则如同小轿车行驶在大约150千米之外，而火星就像一辆面包车，它行驶在外侧大约200千米之外。外太阳系的木星、土星、天王星、海王星更是遥不可及，大家按照各自的轨道绕着太阳运转，周而复始、循环不息，与地球老死不相往来。应该庆幸八大行星之间有着这种可望而不可即的距离间隔，老死不相往来实在是一件天大的好事，要不然太阳系整天开"碰碰车"便不会有地球的稳定运转，没有相对封闭的环境也就不会演化出生命，更不会出现我们这些号称万物之灵的高级智慧物种。

硬要说外界与地球存在一点物质交换，那就是陨石。来自外太空的一些流星、碎块不时会冲向地球，它们大都在与大气层摩擦燃烧后化为了灰烬，即便落下来也难觅踪迹。偶尔也会有一些未燃尽者，散落到地球上就成了有分量的陨石。这些石质、铁质或石铁混合物的陨石，小至弹珠，大至篮球，每年都会有屈指可数的那么几块被人们寻获。大块头的陨石并不多见，世界上最大的石陨石目前存放在我国吉林省的吉林市博物馆，重量为1 770千克，体积不过一米见方的石墩大小。1976年3月8日下午3点，随着一阵震耳欲聋的轰鸣，一场罕见的陨石雨降临吉林，造就了这块世上最大的石陨石，以及散落的138块小陨石。除此之外，比石陨石更大、更重的还有铁陨石，非洲纳米比亚的荷巴（Hoba）铁陨石号称是世界之最，这块1920年发现的铁质陨石约有60吨重，但其"三围"尺寸并不比一辆普通的小轿车更大。从泥土里挖出来的这块大铁疙瘩，据说形成于1.9亿至4.1亿年前，在距今3万至8万年前的一天坠落到了地球上。这种推测或许有一定科学依据，但就算它真的是天外来客，那也是万年一遇的小概率事件。莫说是没人见过这么大的陨石从天而降，即便是那些弹珠大小的陨石雨也鲜有人亲眼看见，人们从来没担心过石头会噼里啪啦从天上砸下来。事实上，那些天外来客大都化作齑粉飘落下来，对我们的影响微不足道，谁也不知道每年有多少这样的天外来客光顾地球，就像不知道我们身上多长出了几根汗毛一样。据说有加拿大专家测算出每年降临地球的陨石有20多吨，但维基百科则估算每年有1.5万吨，而百度百科却说每一天就有5万吨。推测的数量差异如此之大，似乎是一种信口开河的无所谓态度使然。不过，对这些来自外太空的小"礼物"满不在乎却也没错，要知道，相对于地球的质量（约60万亿亿吨）来说，区区数万吨的陨石其实只是九牛一毛，几乎可忽略不计。

如果块头够大的天外来客造访地球，那倒不能忽略不计，最雷人的图景就是小行星撞击地球。据推算，假如一颗直径为10千米的小行星与地球激吻一下，其破坏力便相当于成千上万颗原子弹爆炸，无论撞到陆地上还是海洋里都会引发连锁式反应，大地震、大海啸，火山喷发、森林遍燃，石尘飞溅遮光蔽日，终将是一次引发生态圈崩溃的毁灭性灾难，6 500万年前可能就是这样一颗小行星导致了恐龙的灭绝。世界各地如今还有一些不明来由的大坑，据说"罪魁祸首"也都是小行星，如加拿大魁北克省的曼尼古根坑可能是2.1亿年前撞出来的，澳大利亚西部著名的蜘蛛坑可能是6亿至9亿年前撞成的，南非的弗里德堡坑直径有近300千米，据说撞击时间在20亿年前，等等。这些远古时期留下的大坑果真是小行星撞出来的吗？年代那么久远恐怕只有天晓得，能还原大坑形成的直接证据其实早已经灰飞烟灭了。年代稍近一点的大坑也有，如俄罗斯东北部的埃利格格特根坑形成于360万年前，非洲加纳的博苏姆威坑形成于100万年前，美国亚利桑那州的巴林杰坑则形成于2万至5万年前，这些大坑都被认为是小行星撞出来的。因为有这么些亦真亦幻的撞击坑为证，小行星撞击地球便成了近百年人们的一个热议话题。特别是进入网络时代以来，小行星即将撞击地球、末日来临的资讯时不时传出。最近有一个版本出自俄罗斯天文学研究所，说是一颗名为"阿波菲斯（Apophis）"的小行星将于2029年4月13日与地球相撞，网上还出现了不少"末日撞击"的模拟视频，甚至有科学界人士声称这回真的是"狼来了"，人们也许无能为力。

从常识出发我们无疑确信，足够分量的小行星撞击地球肯定是一场大灾难。这种事或许在遥远的过去屡次发生，或许在将来还照样会发生，但我们也别忘了，像小行星撞击导致恐龙灭绝这样的全球性灾难，即使真的发生过也属于极小概率事件，起码在人类文明史上连局部的撞击大灾都不曾有记载，也没有任何证据表明我们的祖先是撞击事件的幸存者。而且，科技发展到今天我们也有理由相信，像"阿波菲斯"这样直径不足400米

小行星撞地球构想图

的小玩意朝着地球飞来，人类有足够的招数去应对，猎枪在手何惧"狼来了"。当然，更大块头的小行星有朝一日撞过来，或将超出当时科技的应对能力而重蹈恐龙的覆辙。也正因为如此，人类唯有加紧走向明天的出壳时代，才能彻底避免将来某一天悉数覆没的毁灭性灾难。

　　陨石也好，小行星也罢，都是外太空单方面馈赠的"礼物"，地球却一直是来而不往，任你大小石块偶尔砸过来，我自岿然不动，只纳不吐。实际上，地球在早期形成过程中跟整个太阳系应该是进行过"礼尚往来"的，然而当初的情况已很难还原，地球起源的各种假说迄今为止还莫衷一是。根据现代认知可以大致推断的是，自从熔融态的星云团凝结成地球雏形之后，我们这颗星球上数十亿年来所经历过的一切，包括地壳裂解形成大洋盆地、大陆板块的漂移、冰期与暖期的更迭、惊心动魄的生命大爆发、生物链的形成和适应、智慧物种的出现及扩散等，所有的演化与发展，灭亡与轮回，动荡变幻与秩序构建，全都发生在一个自我循环的封闭系统中，如同笼罩在一个无形的大壳里面慢慢孵化着。虽然会有小行星撞击这种万年不遇的外力干扰，但孵化本身却始终发生在大壳里面，好比蛋壳外碰到风吹雨淋而鸡胚的孵化依然在蛋壳里面进行一样。

事实上，地球的巨大引力就像一个无形之壳，包裹着周围的一切自成一体，万事万物亿万年来一直在这个封闭的系统中流转，孙悟空始终没有跳出如来佛的手掌心。人类同样是在这个无形的大壳里面孵化成长起来的，从一种普通的弱小动物到拥有了"讲故事"的能力，最终登上了生物链的顶端。进而又掀起一场场科技革命，极大地延伸了人的体能和智能，把一颗地表面积约为5.1亿平方千米的巨大家园打造成了小小的地球村。这样的壮举按说足以名垂宇宙青史，人类也足以牛气冲天地在这颗星球上继续称王称霸，然而这一切全都是无形之壳内的故事，人类至今还没有破壳而出。

恐龙也曾经在这颗星球上牛气冲天过，化石证据表明它们称王称霸至少有一亿年，但最终还是悉数覆灭在这个无形之壳内，悲壮的结局成了我们这些新霸主茶余饭后的谈资。相比较而言，人类的智力进化速度奇快，这一点比恐龙要幸运得多，在未知的"末日撞击"到来之前，现代人已经创造出了航天科技。1957年10月4日，世界上第一颗人造地球卫星由苏联发射成功，人类的"触角"开始伸向地球之外。从那时起至今半个多世纪，已有近7 000个航天器呼啸着穿出大气层进入了太空。然而，这些冲上天的"太空使者"绝大多数都还被地球引力紧紧拽着，其中95%以上是为地面服务的各种人造卫星，包括通信卫星、气象卫星、遥感卫星、导航卫星、侦察卫星、广播卫星、测地卫星、天文卫星等，它们以不大于第一宇宙速度的速度在距地球远近不一的轨道上运行，每颗卫星若干年之后的结局还是要重返地球，化为灰烬或碎屑叶落归根，转来转去依然是在无形之壳内流转。摆脱了地球引力的航天器也有一些，到目前为止，全世界共发射了200多个不载人的太空探测器，以大于第二宇宙速度的节奏脱离了无形之壳的束缚，飞向了太阳系的深空，但这些深空探测装置与密密麻麻围着地球转的数千颗人造卫星相比，只能算是凤毛麟角。

载人登月无疑是人类航天的一大壮举，多年来为人们津津乐道的阿波罗系列飞船，从1969年7月至1972年12月连续6次登月，把包括阿姆斯特朗、奥尔德林在内的12名美国宇航员送上了月球。然而，接下来令世人期盼的"前赴后继"大戏却没有上演，从"阿波罗计划"以后再也没人光顾过月球，当年冷战期间军备竞赛背景下的登月行动给人感觉像是虎头蛇尾、昙花一现。如今仍然值得称道的则是，这12名登月先锋是离开我们这颗星球行得最远的人，这个远行纪录已保持了半个世纪尚未被打破。除此之外还有一批批宇航员在不同时期飞出大气层进入过太空，他们都是受世人尊敬的航天勇士。根据维基百科的资料显示，从1961年苏联航天英雄加加林最早飞出大气层以来，先后进入太空的各国宇航员约有500人次，其中包括我国的杨利伟、景海鹏等11人（14次）。而按照美国人口学家卡尔·郝伯的估算，从现代人类出现至今，地球上一共生活过大约107 600 000 000人[1]。想想古往今来这上千亿人口中，仅有500勇士体验过地球以外的生活（而且都是短暂的），这点比例实在是沧海一粟。我们需要清醒的是，当代人类虽然沾沾自喜迈出了"一大步"，但我们不可能一直停留在极少数勇士的探险阶段，而是要在不断探险成功的基础上，开辟普罗大众挺进广阔太空的渠道，旨在消除那种"闷死"在无形之壳中的危险，确保灿烂的人类文明不至于彻底毁灭，进而使人类主宰的地球物种能够在宇宙中长久延续，不断创造新的辉煌。这便是出壳的时代意义，也应该是全人类长远利益的共同追求。正如航天动力学之父齐奥尔科夫斯基所说，"地球是人类的摇篮，但人类不能永远待在摇篮里"。

"出壳"要刻画的是人类摆脱地球束缚的未来发展图景，它既是指演化的过程，也是指演化的目标。在此，换用"航天时代"或"太空时代"这类词汇并不能表达出这层意思，因而要用"出壳"来表述才更准确。

"XX时代"只是表示技术节点上的划分，表明其时具备了某方面的技术能力，而表达不了技术的推广扩散及实现目标的状况。1903年莱特兄弟成功研制出飞机便意味着飞行时代的开始，1940年代冯·诺依曼结构计算机的诞生也意味着电脑时代的到来，然而看一看我们的祖父辈或父辈们，他们何时才坐上了飞机、用上了电脑？那都是过了几十年之后的事了。航天时代的说法也是一样的道理，1957年以后一个又一个航天器飞出了大气层，但这绝不等同于人类的出壳。事实上，载人航天近60年基本上都是宇航员小心翼翼在大气层外的试探活动，这样的情景好比是探头探脑观望一下再缩回来，充其量只能算是出壳前夜的摸索，或者换句话说，出壳的大门虽然露出了一丝缝隙却还没有打开，我们目前仍然宅在地球家园里。人类的昨天和今天，就是生活在这样一个跟蛋壳并没有实质性区别的无形之壳中，人们千百年来苦苦追求的至高无上的"自由"世界，充其量也就是蛋壳里的一点点自由罢了。

照这么说来，我们这些号称万物之灵的人类挺悲哀的，一部波澜壮阔的人类发展史，不过是类似于蛋壳里面的一场轰轰烈烈而已。没错，放眼浩瀚无垠的宇宙太空，无形之壳包裹下的地球万物非常渺小，人类"憋"在里面确实没有理由妄自尊大。如果你读过美国科普作家卡尔·萨根的名著《暗淡蓝点》一书，就会对此深有同感。1990年2月，当举世关注的无人探测器"旅行者1号"飞抵冥王星附近时，萨根说服美国航空航天局（NASA）让这艘探测器转了一下身，拍摄到一张回望地球的照片。从冥王星附近传回的这张著名照片中看上去，地球只是一个小光点，要费点眼神才能找到这个像尘埃一样的暗淡蓝点。萨根凝望着这张照片，写下了一段感慨良深的优美文字。美文百读不厌，我们不妨重温一下。

萨根写道：再看看那个光点，它就在这里。那是我们的家园，我们的一切。你所爱的每一个人，你所认识的每一个人，你听说过的每一个人，以及曾经存在过的每一个人，都在它上面度过他们的一生。我们的欢乐与痛苦聚集在一起，数以千万计的自以为是的信仰、意识形态和经济学说，所有的猎人与强盗，英雄与懦夫，每一位文明的缔造者和毁灭者，国王和农夫，年轻的情侣，父母和孩子，发明家和探险家，德高望重的教师，腐败的政客，超级明星，最高领袖，人类历史上每一个圣人与罪犯，都住在这里——在一粒悬浮于阳光中的尘埃上生活[2]。

暗淡蓝点

　　地球的确是茫茫太空中的一粒尘埃，但这粒尘埃在我们这个星系中的最特别之处在于，它经过亿万年演化变得充满活力，起初枯寂、荒僻没有一丝生机，后来冒出了无数生命形成了共同家园，进而又出现了人类文明这一"奇葩"。人类的出现加快了地球面貌的改变，几百万年来，从猿人到智人再到现代人，又从原始文明发展到现代文明，虽然一路走来风风光光，但人类一直在这颗星球上"憋屈"着，还没走到出壳伸展的岁月。这段漫长的岁月对地球历史来说不过是弹指一挥间，人类非常幸运在此期间没有碰到过毁灭性灾害，家园也一天天扩张到全球各个角落。最深刻的变革发生在16世纪以后，哥白尼引发的科学革命及随后一连串的技术革命，使整个地球家园实现了"旧貌变新颜"。横空出世的近代科技就像一台功率超强的引擎，带领人们在认识和改造世界的道路上飞奔了300来年，一直把人们带到了今天，带到了出壳的前夕。

或许我们很多人还没有意识到出壳时代即将来临，但这是人类走向明天的大势所趋，只要换个视角领略一下人类近代的发展历程，就不难感受到出壳的迫切性。如果把工业化、城市化、电气化、信息化、智能化都比作是浪潮的话，那确实是一波未平一波又起，光环照耀之下人们感受到的主要是生活质量的极大改善，光环背后却是一场场窝里斗的连台本戏，"憋"在壳里的人们长期不知道出路何在。

实际上，一部人类近代史也是蛋壳里愈演愈烈的一部窝里斗历史，人与大自然斗、人与人斗乐此不疲。一方面与大自然斗，疯狂掠夺地球上有限的资源，其后果是，自己母星球上的资源被无节制开采、自然物种加速灭绝、气候变得极端、生存环境日趋恶化。2017年11月，来自184个国家的15 000名科学家联名在*BioScience*（《生物科学》）杂志发表了"世界科学家的郑重警告"一文，提醒人们正视地球面临的危机。该文警告说，由于人口迅速增长，地球上有限的资源被过度消耗带来的生存问题日趋严重，与1992年相比，全世界人均可使用的淡水数量减少了26%，海洋中由于污染和缺氧导致生物无法生存的"死亡区域"增加了75%，森林面积减少了近3亿英亩（1英亩＝0.004 047平方千米），全球人口数量增长了35%，碳排放持续显著增加，生物多样性降低，哺乳动物、爬行动物、两栖动物、鱼类和鸟类数量总计减少了29%，脆弱的地球生态快要支撑不住了。时隔不到一年，2018年10月8日，联合国气候变化专门委员会

（IPCC）也发布了最新的《全球升温1.5℃特别报告》。报告指出，必须立即在土地、能源、工业、建筑、交通和城市方面进行"快速而深刻的"转型，将全球升温幅度控制在1.5℃以内，否则地球在2030年之后会迎来毁灭性气候，留给我们的时间已经不多了[3]。从这些数据中不难看出，与大自然斗美其名曰改造自然、征服自然，最终彻底输掉的则是我们自身。另一方面，人与人斗更为惨烈，不惜以战争这一人类社会最野蛮、最残酷的群体暴力活动杀戮同类。在我们这颗星球上，大大小小的战事一天

全球变暖导致北极熊没有栖身之所

也没消停过，两次世界大战更是导致了生灵涂炭，甚至还制造出了足以毁灭人类自身的核武器，至今兵战绵绵不绝，核战争的威胁依然时有喧嚣。天作孽犹可违，自作孽不可活，经年不息的窝里斗最终的结局可以料到，人类要么是大规模毁于核战争那样的猛然冲突，要么是随着生存环境恶化而渐渐走向消亡。再不跳出这种窝里斗的历史怪圈，即使永远没有小行星撞击之类的飞来横祸，人类也终将踏上一条自我毁灭的不归路。而且，随着现代科技的迅猛发展，人类的自毁性倾向也在日益加剧，不抓紧时间破壳而出，便会"憋"在无形之壳内走向彻底灭绝。

弗兰西斯·培根早就断言"知识就是力量"，这话让人们充分领教了科学技术在推动人类发展中的巨大威力。但我们今天回过头来看也不难发觉，科学技术这把"双刃剑"，对人类的自毁性倾向也起到了"助纣为虐"的作用。特别是近一百年，科技的应用几乎都是首先来自窝里斗的需要，既有对自然资源的"巧取豪夺"，更有明目张胆的军事目的，正如罗素所说："科学的实际重要性，首先是从战争方面认识到的"[4]。第一次世界大战可以说是"化学家的战争"，无烟火药、高爆炸药、毒气弹等竞相登场，大量的化学实验成果转眼间变成了杀戮利器。第二次世界大战则可以称为"物理学家的战争"，合金材料、电子通信、雷达技术、远程导弹等迅速问世，物理学当时几乎所有的看家本领都在战场上打磨成了军用技术。我们现在享用到的主要科技产品，可以说基本上都带有洗不脱的"原罪"，这样的例子可以信手拈来，如电子计算机是"二战"的产物、核电站是原子弹的衍生品、互联网则是由美国军方的"阿帕网"（ARPAnet）发展而来等。就连直接造福人类自身的青霉素，也是如假包换的英国军医弗莱明目睹了战伤感染而发明出来的。

如今人们具备了穿出大气层"探头探脑"的能力，说来这同样是军事争斗的产物。航天运载火箭的前身其实就是德军二战中研制的V2导弹，当时美苏两国都从德国人手中缴获了这项技术，很快就成了战后新一轮军备竞赛的重器。从卫星上天到飞船载人、再到登陆月球，之所以能在短时间内成功实现，并不是探索太空奥秘的积极性使然，而是美苏两国出于冷战需要你方唱罢我登台，不惜代价争夺太空霸权的结果。到20世纪80年代美国制定"星球大战计划"的时候，其挺进太空的目的便昭然若揭了。这个计划的核心内容是以各种方式攻击敌方能穿越大气层的战略导弹和航天器，其技术手段包括在外太空和地面部署高能定向武器（如微波、激光、粒子束、电磁动能武器等），对敌方战略导弹进行多层次的拦截。美国在耗费了上千亿美元后，迫于当时苏联解体等形势变化，于20世纪90年代才中断了这一计划。然而此事最近又死灰复燃，2018年8月9日美国时任副总统彭斯宣布，要在2020年建成美军的"太空军"以增强太空的军事控制能力。这一举动引起世人严重不安，法新社惊呼这是"星球大战2.0版"，澳大利亚珀斯新闻网评论说"想想装载有核弹头的卫星悬在我们的头顶上，就让人不寒而栗"[5]。事实上，新世纪的窝里斗仍在猖狂延续，而且在当代新科技手段的助虐下，人类面临的自我毁灭无疑具有更大的危险性。例如，随着基因编辑技术的发展，被称为"生物原子弹"的基因武器很快就会登堂入室，这种比埃博拉病毒更可怕、比原子弹使用更灵活的"末日杀器"一旦出笼，种族灭绝将变得轻而易举，世界末日也就为期不远了。假如真的发生第三次世界大战，那很可能是一场"生物学家的战争"。

不仅如此，人类近年在另一方面又出现了新的危险苗头，科技越发达，享乐主义越盛行，谋求个性化的享乐体验现已成为发达地区的社会时尚。但是，过度追求享乐会在不知不觉中把人类带进日益颓废的境地，这同样也是一种可怕的自毁性倾向。进入21世纪以来，全球经济一直在低迷中徘徊，而娱乐经济的发展却逆势而上、如日中天，很多新兴技术的落脚点都选在了娱乐产品上。看一看《时代周刊》及其他各种媒体、机构等评选出的"最具影响力的50种科技产品""十大创新技术产品""20种最热门科技产品"之类的结果不难发现，近20年大多数新技术、新发明都跟娱乐密切相关。娱乐产品如雨后春笋般涌现，地球村正一天天变成一座娱乐城。尤其是"互联网+娱乐"来势汹汹，网络游戏、网络影视、网络文学、网络动漫、网络音乐、周边产品等与手持设备广泛互联，全世界正在形成泛娱乐的格局。根据《中国游戏行业发展报告》的数据，2012年我国网络游戏的营收为603亿元，到2017年就猛增到了2 011亿元，几乎翻了两番。同期，网游用户从4.1亿人发展到8.5亿人，其中16~22岁者占53.9%，23~39岁者占45.4%，这跟满街青少年低头玩"王者荣耀"的情景很吻合。另据英特尔2018年10月最新发布的《5G娱乐经济报告》称，5G新技术将对网络娱乐业"火上浇油"再推一把力，预计未来10年（2019—2028年）全世界网络娱乐业将累计实现3万亿美元的营收（注：这个数字相当于德国2017年全年的GDP）。呜呼，作为全球重量级高科技企业的英特尔公司，代表当今主流科技成果之一的5G技术，首先想到的却是大力推进娱乐业，这不能不令人担忧。盯着短期的经济利益，引导人们特别是青少年沉溺于过度娱乐，这对人类社会的长远利益不仅没有好处，反而是一种潜在的威胁，无异于给人类集体服用"摇头丸"。

就人类的自毁性倾向而言，窝里斗是显而易见的"真刀真枪"，过度享乐则是不易察觉的"糖衣炮弹"，二者都搭上了现代科技这趟"高铁"正在加速前行。说到这里我们要反思一下，人类这种智慧生命在地球上存活的意义何在，是不停地折腾出更新的窝里斗技术，更多的享乐方式，等着千秋万代（或许等不到太久）过后彻底化为乌有吗？恐怕没有人希望是这样，但我们正在这么做。

无论是窝里斗还是过度享乐，都要消耗大量的资源和精力，都在一点点透支着人类这个智慧物种有限的整体寿命。要知道，任何一个星系都有寿命期限，按照科学界目前公认的说法，太阳约在50亿年后耗尽了氢就会停止核聚变反应，而膨胀成为一颗红巨星，届时地球将被太阳吞噬，彻底化为灰烬。这当然是非常遥远的事，没有哪一个地球人能看到自己的母星球寿终正寝的那一天。其实地球本身也一直处在复杂的演变中，在它大限到来之前生态的灾变必然发生，所有的生物迟早都将灭绝殆尽。根据天文学的一些预测，从现在算起5亿年之后的地球就变得不再适宜任何生物存活[6]。实际上，地球的寿命比任何物种的存在时间都要长千万倍，它还真的是离了谁、离了哪种生物都照样转，因而人们整天喊"拯救地球"也是一种夜郎自大的心态，颠倒了起码的主次，我们想要拯救的不是地球而是人类自己。

假如人类真有超级宏伟的理想，想目睹地球毁灭的那一天，那也必须具备一个最基本的前提，就是要先迈开出壳的第一步，只有出了壳继续进化才有可能延续存在时间，说不定未来立足壳外的后代子孙真能看到那一幕——祖先们生活过的地球家园倾覆了。然而与地球寿命相比，每个物种的存在时间实在太短暂了，一般来说某种哺乳动物（人也算其一种）的生存时间在几百万年到数千万年不等，最后总会由于地质灾难或气候变化等原因而灭绝。按说人类现在还是个比较"年轻"的物种，从智人阶段到今天只经历了25万年左右，从猿人阶段算起也不过两三百万年时间[7]，寿命还长着呢。然而谁也无法预测人类还能存在多少年，年轻可以任性却未必命长，好比说我们知道人均寿命，但并不知道某个年轻人能否活到那个岁数，诸如疾病、车祸等种种意外难以预料。即便能够"无疾而终"，年轻的智慧人类也应当在短暂的生存期限内，倾注足够的精力尽早跨出自己的母星球，不出壳的后果只能是将来随着自己的家园一起毁灭，永远从宇宙中消失。何况，现在看来根本做不到"无疾而终"，人类的极度扩张和无休无止的窝里斗，已经把地球家园折腾得千疮百孔、危如累卵了。年轻任性的地球人如今就是生活在这样的家园里，核战争、全球升温、环境恶化、能源枯竭、冰期到来等危机一触即发，我们头顶上悬着不止一把"达摩克利斯之剑"，末日之钟随时会敲响。出壳势在必行，起码的安危意识告诉了我们这一点。

然而，出壳是不是等同于人类挺进太空或移民外星球，主动寻求一条避灾之路？问题恐怕没那么简单。

从"拯救地球"到"拯救人类"，人们一直妄自尊大把自己摆在一个大自然征服者的位置上，骨子里依然相信"人定胜天"。因为地球上有生存危机，所以必须出壳，这是高高在上的人类自己形成的认识和选择，万物之灵嘛，当然具有这样的主观能动性。斯蒂芬·霍金是近几十年主张移民外星球的最杰出人物，这位身残志坚的物理学家生前多次预言地球灾难，比较著名的预言如"2032年地球将进入一个冰河时代，人类难逃大劫""地球将在200年内毁灭，人类目前很危险""2600年前人类就会消失，地球将变成一个熊熊燃烧的火球"等[8]。他在不停警告世人的同时，极力呼吁人们积极探索搬离地球的办法，避免世界末日，移民到火星或其他星球上去。"霍金主义"洞察到了出壳的必要性和紧迫性，但他理解的出壳是人类的一种主动选择，是人们积极进取向太空拓展疆域的行动，用他自己的话说"我是个乐观主义者，我相信我们有能力避免世界末日，而最好的方法就是移民到太空，探索人类在其他星球上生活的可能"[9]。

毋庸置疑，"霍金主义"在很大程度上唤醒了人们的出壳意识，特别是随着生态危机的加剧，越来越多的人相信出壳会改变人类的未来。地球无非就是个易碎的蛋壳，里面所有的活性物质说不定哪天就会彻底覆灭，包括我们人类自身，不想方设法出壳是不行的，不出壳写什么《出壳时代》之类的书哟，灭绝之后一切都是毫无意义的废屑。如今坚定的"霍金主义"者不乏其人，伊隆·马斯克就是其中一个。这个马斯克更出名的身份不是特斯拉汽车的联合创始人，而是作为SpaceX（太空探索）公司的总裁，他曾慷慨陈词："我们必须在太空保留人类文明的火种，如果我们遭遇另一个黑暗时代，比如小行星撞击、冰期、世界大战等，那么我们需要在地球以外有足够的火种能重建人类文明。"在这位有着"科技狂人"

火星基地构想图

之称的马老板看来，人类文明迄今还没有任何安全底线可守，要主动去建立地球外的落脚点才算有了保险，因而出壳是拯救人类的一项安全大计。

马斯克不仅坚信"霍金主义"而且具有难能可贵的使命感，2002年以来他一直"赔本赚吆喝"致力于民营航天事业，直到2008年把世界上第一枚私人火箭——"猎鹰1号"成功送进太空，继而他又开始实施雄心勃勃的"火星移民计划"，要在15年内建成火星航天器并有意成为火星的首批登陆者，面对一些人的质疑他自嘲说，"我宁愿死在火星上，当然不是降落时一头撞死"。瞧瞧人家这雄心壮志，"吃螃蟹"义无反顾，无论如何不愿"憋"死在地球上。

除了马斯克这种科技实业家从安全底线入手付诸行动之外，"霍金主义"的无数追随者普遍相信人类有能力在太空开拓更广阔的生存疆域，对于快要走投无路的地球人来说，探索太空新世界无疑是最佳的选择。美国财经作家乔·卡伦在他最近的《创业简史——塑造世界的开拓者》一书中，阐述了这种主流意识。卡伦对霍金所说的"探索太空就像哥伦布当年探险，将决定人类是否有未来"这句话推崇备至，他认为现在的太空探险跟15世纪末欧洲的航海探险如出一辙，都是为了殖民扩张而进行的创业活动，这样的创业精神必然带来人类社会的重大变革[10]。总之"霍金主义"的危机感和进取心，对当今世界的出壳意识产生了深远而积极的影响。

但是，"霍金主义"忽略了事物本身的客观属性，强调的是外在活动。实际上，出壳不是人类命运或前进轨迹的选择，而是不以人的意志为转移的趋势，这种大势所趋是由事物发展的内在规律所决定的。一方面生命进化的本质是一种必然变化、注定向前的力量，人类自身及其创造的文明都需要进化到更高级的阶段，地球人需要成为整个太阳系的公民，地球文明也需要发展成为星系文明。就像古猿进化到了猿人不会就此打住、直立人进化到了智人不会裹足不前一个样，现代人类也有着内在的进化需求。"此处不留爷自有留爷处"，离开地球虽不得已，但进化注定要向前走。另一方面科学技术经过一代代发展，从无到有、从小到大，按其自身规律已演化成了一股神奇而又独特的力量，推动着世界的加速变革，而且它也同样需要寻求更新、更大的发展空间。在地球上"触顶"施展不开拳脚了，那也只能冲破"天花板"向外走。因此，出壳并不是人们想不想、愿不愿的事情，也不是靠探险精神寻找新的去处，而是意料之中的未来走向，在不远的将来必然而然要发生。我们要做的是认清客观规律，顺应发展大势，把握生命进化和科技演化的特点，迎合出壳发展的时机，对出壳可能带来的新情况、新问题进行研判，摩厉以需，适时而动。简而言之按自然规律办事，人类明天的故事就将完全不同，那是围绕着破壳而出写就的新篇章。

2. 进化的拐点

要顺应出壳的大势，当然先要把握地球上生物进化的规律。我们谈论进化规律的前提在于，目前全世界的科学家和公众大都认同达尔文的进化论。然而，从1859年《物种起源》出版至今，关于进化论的争议从未停止过。据美国皮尤研究中心（Pew R.C）2014年的一项调查显示，高达46%的美国人认为科学界还没有对生物进化论形成共识。这样的调查结果并不令人吃惊，在宗教长期影响的许多国家，神创论与进化论是很难调和的，就连一些搞科普的专业人士也未必接受进化论。有一年我在新西兰达尼丁参加亚太科学中心协会年会（ASPAC），刚好看到"纳尔逊地区首次发现7 000万年前的恐龙脚印化石"这样的报道，由于纳尔逊与达尼丁都位于新西兰南岛，于是我跟参会的一位当地科技馆馆长聊起了这一话题。他是笃信上帝创造万物的，我说按照圣经故事推算，开天辟地创世纪不过一万年时间，怎么会有年代久远的恐龙化石呢？他想都没想便脱口而出，"哦，上帝可以创造一切，包括任何年代的化石"。他这么一说，我便无言以对了。

　　当然，进化论在科学界内部也饱受质疑，其主要原因在于，它固有的理论缺陷很明显，无法解释地球上生命形成和发展的一些确切存在的问题。比如说，进化论描绘了一个较为完备的脊椎动物进化谱系，从鱼类到两栖类、爬行类、鸟类、哺乳动物，直至进化出人，但凌乱的化石证据不足以解释清楚自然选择的过程，"化石断代"问题从一开始就是个难以逾越的障碍，而一旦发现某种新化石又很容易推翻或动摇前面的结论。《物种起源》问世后人们一直在寻找古生物化石的证据，曾经轰动一时的始祖鸟既具有爬行动物的骨骼特征，又具有鸟类的特征，这种过渡类型动物一度被视为进化论的有力佐证。可是后来陆续发现，与始祖鸟同一地层出土的其他鸟类化石，也有着近似于现代鸟类的骨骼，因而始祖鸟的过渡类型很快遭到了怀疑。1991年在中国辽宁又发现了年代与始祖鸟相同或许还更早的一些鸟类化石，就连始祖鸟的"始祖"地位也难保了。更大的麻烦还在于进化论的核心内容遇到了挑战，达尔文理论认为物种的进化是一种"渐变"过程，然而从1909年加拿大伯吉斯页岩中发现大量的古生物化

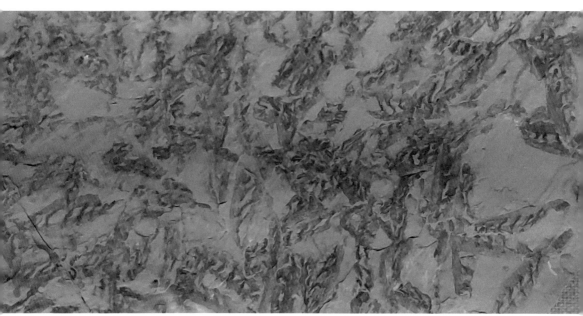
澄江寒武纪化石

石，到1984年我国云南澄江发现古动物化石群，越来越多的证据表明"寒武纪生命大爆发"确确实实发生过，这种大规模的物种"突变"现象，与"渐变"进化的理念是格格不入的。

尽管我们无法用"倒带"实验来确认物种的进化，但在达尔文基础上不断完善起来的现代进化学说，依然是解释地球物种演变的最靠谱的理论。现代进化论认为，进化是在生物种群中实现的，突变、选择、隔离是生物进化过程中的基本环节，而自然选择具有决定性的重要意义。到今天为止，进化论存在的种种争议还难以平息，我们可以理解为，这是"小字辈"科学理论必须承受的"成长性调教"。

事实上，生物进化的思想源于地质渐变论，而地质学本身在整个自然科学门类里又是属于"年轻学科"，因而进化论（乃至整个生物学）与物理学、化学等"老家伙"相比只能算是个小娃娃。地质渐变学说在18世纪末才出现，那时候，随着产业革命的推进和市场的扩大，作为工业生产主要原料之一的矿产资源成了香饽饽，要找矿当然要研究岩层和矿石的成因，于是地质学应运而生。1795年，英国地质学家赫顿出版了《地球学说》一书，对陆地形成、消失和再生的规律进行了探讨，建立了所谓的"地转循环"概念，他认为就像地球在不停地转动循环一样，地质作用也是在不停地循环往复中进行着，因而各种地质现象可以理解为是"长期活动的缓慢作用"的结果。把赫顿最初这种渐变思想提升到系统化理论高度的，则是另一位英国地质学家赖尔。1830年，赖尔的《地质学原理》第一册正式出版，直到1833年出齐了该书的三册完整版本。这部地质学的不朽巨著，用大量确凿的事实说明，地壳的变化不是什么超自然力量的突然"灾变"造成的，而是由于自然的力量如风、雨、水流、潮汐、冰川、火山、地震等各种因素，经过漫长的岁月而缓慢造成的。他的这种渐变论思想，给所谓的上帝多次创造世界的灾变论以迎头痛击，正如他在书中明确所说，"地质学不可与创世论相混淆"。赖尔还用他创立的渐变论观点，为人们描绘了一幅地球演化史的清晰画面。他认为地球在漫长的历史中经历了千变万化，而且地球的这一历史，包含了整个人类所不曾经历的过去。在赖尔看来，引起地壳变化的力都是自然界中很普通的力，这些作用力既是破坏工具也是再造工具，是这样两种互相对立的力量造就了地质变化。他还根据大量事实得出结论认为，目前在地面上和地面以下各种作用力的强度，可能与远古时期造成地质变化的作用力完全相同。因此，地球过去变化的速度、强度也和现在一样，现在和过去都没有发生什么灾变。这就是地质学上所谓的"古今一致"原则。换句话说就是"现在是认识过去的钥匙"，从眼下的地质变化可以推断出遥远过去的情况，因而没有灾变，只有渐变[11]。赖尔的思想对达尔文影响很大，他读了《地质学原理》一书后写信给赖尔称，"读完每一个字，我心中都充满了钦佩之感"。1836年，达尔文专程登门拜见赖尔，温恭自虚当面求教了两天，这对他创立生物进化论的意义无疑不凡。

说起来，最早举起进化论大旗的第一人还不是达尔文，而是法国博物学家拉马克。我们现在熟知的"用进废退""获得性遗传"这两个生物学法则便是他提出来的。拉马克在1801年出版的《无脊椎动物的系统》及1809年出版的《动物学哲学》两部著作中，率先旗帜鲜明地提出，自然界总是循序渐进地产生各物种，最初产生的是最简单的低级生物，后来产生的是较复杂、较高级的生物，从而形成一个由简单到复杂、由低级到高级的连续系列。至于进化的原因，他提出一方面是因为生物具有向上发展的内在倾向，另一方面是生存环境的影响引起动物习惯上的变化。他认为，动物的器官使用较多或较少就会产生变异，而且这种变异是永久性的，并能导致遗传。他举例说，长颈鹿由于吃大树上的叶子而发展了长颈，并把这一特点慢慢遗传给了后代。拉马克的思想为后来达尔文进化论做了重要的理论铺垫，但他提出并强调的纵向进化，以及动物的意志和欲望也在进化中发生作用等观点，却代表不了"物竞天择，适者生存"的进化现象主流，所以拉马克举起了进化论大旗却摇摇晃晃站立不稳，不得不由达尔文最终接手。然而，拉马克的后天获得性遗传等说法并非一无可取，在自然选择之外是否另有进化的推动力，这个问题也长期争论不休，以至于如今依然大有市场的所谓"新拉马克主义"，一直在找种种证据对达尔文进化论发难。

达尔文的过人之处在于，他随英国政府的"贝格尔号"军舰做了五年的环球考察，不仅具有非常开阔的视野，积累了大量的标本资料，而且在吸收地质学渐变思想过程中，敏锐地发现并抓住了物种进化的"自然选择"这根主线。即便如此，达尔文也是很谨慎的，他在拜访了赖尔之后头脑里虽然有了进化论的雏形，却忽然来了个华丽转身，投入到地质学研究中去了，很快他就成了英国地质学会小有成就的人物。在今天看来，地质学跟物种进化本来就有千丝万缕的联系，转身搞地质研究是达尔文以退为进的一种策略，他是要通过地质研究进一步搜集物种进化更多的证据。无独有偶，在此期间英国另一位生物学家华莱士，也在运用地质渐变原理研究物种变化的问题。正所谓英雄所见略同，在自然选择和物种起源问题上，华莱士的基本观点与达尔文不谋而合。达尔文正是知道了有华莱士这样的志同道合者，才坚定信心推出了系统的进化论学说。

2009年，世界各地纪念达尔文诞辰200周年的时候，著名科技杂志WIRED（《连线》）创始主编凯文·凯利说过，大家别忘了还有一个华莱士，在相同的时间也提出了相同的进化论，假如达尔文当年在他那场知名的环球考察之旅中不幸遇难了，那么华莱士就是唯一发现进化论的人物，我们现在也会纪念他的诞辰[12]。历史当然不能假设，当年匆匆忙忙问世的生物进化论不管由谁来举旗，都会跟达尔文一样带有难以克服的时代局限性，因为这门娃娃学科实在太薄弱了，其事实资料的积累总共也没多少年时间。不像牛顿树立经典物理学大旗，那是厚积而薄发，建立在祖祖辈辈几千年天文观测的基础之上，化学也同样是在千百年"炼金术"的基础上诞生的，而生物进化论根本就没有"巨人的肩膀"可踩，只借着地质研究这个"小矮人"的肩膀就站起来了，能一下产生尽善尽美的进化理论才是怪事。小娃娃岂能跟老家伙同日而语？能在不断接受"调教"中站稳脚跟已是很了不起的事了。

无论是达尔文、华莱士还是拉马克，他们各自形成的进化论思想，是在缺乏生物学理论尤其是遗传学的帮助下完成的。生物进化论的大旗之所以能在科学界猎猎飘扬至今，是由于后来很幸运地得到了遗传学研究成果的支持。孟德尔在达尔文之后很快发现了遗传物质的分离和组合规律，摩尔根建立的染色体遗传学接着又发现了基因连锁与交换规律，再后来DNA（脱氧核糖核酸）结构及功能研究日益深化，这些成果对进化论起着不断"打补丁"的作用。物种是可变的，所有的生物都有共同的DNA遗传物质，一个物种可以演变为另一个新物种，这些都已成为不争的科学常识，要不然我们今天见不到五花八门的宠物狗，也吃不到各种各样的转基因食品。生物对环境的适应性进化现象也是大量存在的，这点同样被观察和实验所证实，虽然基因漂移等因素可以导致非适应性进化，但自然选择作为进化的主要机制仍被科学界广泛接受。

最让人头痛的还是"渐变"的说法，进化论认为生物进化的步调是逐渐改进式的，在自然选择的作用下积累微小的优势变异，慢慢发生根本变化，对这点很多人都不认同[13]。这是因为，用"渐变"无法解释的现象太多了，比如眼睛、耳朵等复杂器官是怎么进化出来的？在器官完成进化之前的视网膜、晶体、虹膜并不具备"看"的作用，耳蜗、鼓膜、听小骨也不具备"听"的作用，这些"没用的"结构不管哪一个先冒出来，都没理由作为"适者"一代代保存下来等着眼睛、耳朵完成整体进化。换句话说，成功进化出来的最终"适者"，要由此前一个个本该淘汰的"不适者"积累而来，这与"物竞天择"显然是相悖的。

达尔文进化论的这种"渐变"，实际上是从物种内的"微进化"结果出发，推而广之用以解释由简单到高级的一切生物进化现象，以管窥天，这是它四处碰壁的主要原因。"微进化"靠的是极度微小并对适应环境有利的遗传改变，长期累积导致了生物差异性，花蝴蝶变成了黄蝴蝶、小果蝇变成了大果蝇，这在同一物种内是普遍存在的现象，达尔文当年就已观察并搜集到了大量例证。但根据这种"微进化"推演出"宏进化"结果，蚂蚁可以进化成鸟、老鼠可以进化成狗，进而描绘出从鱼类进化到人类的过程，这的确是牵强附会的臆测。迄今为止，跨越物种之间的"宏进化"既缺乏连续的化石证据，也没有基因学理论的支持，不然就会大量存在半猫半狗、半猪半马之类的物种，但事实上没有。

有些反对达尔文"渐变"理论的学者还另辟蹊径，从数学概率上探讨了基因突变产生新物种的可能性，发现这是极小概率事件。生物由简单到复杂很大程度上体现在蛋白质的进化，而每种新的蛋白质出现都是基因表达发生变化的结果，对一个稳定的物种来说，导致蛋白质性状改变的一系列基因突变其实很难发生[13]。美国宾夕法尼亚大学教授迈克尔·贝西以血液凝固的生物化学机制为例，得出研究结论认为，一种新蛋白质出现的概率是1/10的18次幂（0.1^{18}），这么低的概率起码要100亿年才能发生一次，要是同时进化出功能相关联的其他蛋白质，则概率为1/10的36次幂（0.1^{36}），这已经远远超出了宇宙存在的时间[14]。从1996年以来，迈克尔·贝西这种论点产生了广泛影响，不少人竞相仿效，用数学公式去计算基因随机突变产生新物种的概率，无论怎么算得出的结论都是：进化论站不住脚。英国天文学家弗雷德·霍伊利打比方说，新物种进化的概率就相当于飓风卷起一堆废料装配成了一架波音客机，这种可能性趋近于零。然而我们必须看到，数学概率否定的是基因学对"渐变"的解释，其实仍是在否定"微进化"推演出来的"宏进化"，仅从这个角度并不能全盘推翻进化论。遥远的过去没有记录，近期的变化却有据可查，人类在最近几万年内的颅腔增大、眉嵴减弱、体毛退化、手足分工等体征结构上的适应性变化是有大量化石为证的，尤其是近五千年智能上也发生了巨变，这都是无可否认的进化，而且是很重要的进化。实际上，"微进化"是千真万确的事实，物种由低级到高级的序列也是客观存在的，只不过"宏进化"的缘由尚不清晰，这便是进化论"犹抱琵琶半遮面"的窘境。然而，真理往往是在窘境中慢慢逼近的，信不过进化论的理由可以找出不少，但彻底否定它的理由却远远不足，起码目前还没有比进化论更高明的科学理论能解释物种的多样性，因而沿着进化论思想去揭秘"宏进化"的机制至少是个不错的选项。

几乎可以肯定，生物进化这一"黑箱"在短期内还无法撬开，还会让人们继续纠结、继续争论下去。正因为"宏进化"的缘由不清晰，眼下人类对自己的过去和未来仍是一片茫然，我们并不清楚自己如何而来，更不知道以后会进化成什么模样。现在连一些基本问题还没有答案，假如让地球来一次"倒带"，还会进化出我们人类吗？一种说法是，基因突变是随机的、无方向的，再来一次必定进化不出今天的人类，别说南方古猿了，说不定连更早期的猴子都不会出现。另一种说法是，生物进化在整体上是有方向性、有规律的，再来一次依然会进化出人类，差别只在于是非洲猿还是亚洲猿先变成猿人这样的细节方面。这两种相反的说法肯定不能同时成立，但"宏进化"有规律可循这一点却是必然成立的。进化若是有方向则必须遵循一定的法则，进化若是无方向也应该有法则可循（随机本身也是一种法则）。

地球生物的多样性表明，从原核生物到真核生物，从藻类到陆地植物，从低等无脊椎动物到高等无脊椎动物，从鱼类脊椎动物到两栖类，从爬行类到鸟类再到哺乳类，从原始人类到文明人类，这样一种由低级到高级的物种序列，是随着地球亿万年的演化而先后出现的。虽然"宏进化"的生物学机制还有待研究揭晓，但这并不影响人们通过其他途径去认识这种演化的整体规律。比如，对进化路径上的时间节点进行研究，或许有助于我们找出生命进化的规律，更或许能预见到人类今后的走向。这就像目前并不知道病态人格的形成机制，却可以通过心理测试了解到种种人格障碍。在不知道"为什么"的情况下，先知道"是什么"总好过一无所知。

间断的生物化石证据，有可能让我们知道"是什么"。多年来的化石研究积累表明，地球生物在整体上呈现出"加速进化规律"，物种出现愈晚、愈高级，进化速度就愈快。例如，从原核生物进化到真核生物用了14亿年，从低等无脊椎动物进化到高等无脊椎动物用了1亿年，从软体动物进化到鱼类用了6 000万年，从猿人进化到智人用了不到300万年，而人类文明的发展至今才只有几千年等[15]。对进化加速的原因我们不得而知，但从太古代到现代的漫长历程中，生物进化的许许多多节点是留下了化石痕迹的，分析这些时间节点或许能够看出加速进化规律的粗线条。尤其是进化史上一些重要的时间节点，比如寒武纪生命大爆发、人与猿的彻底分离等转折点，我们可以称之为"进化拐点"。这些拐点也许因年代久远而

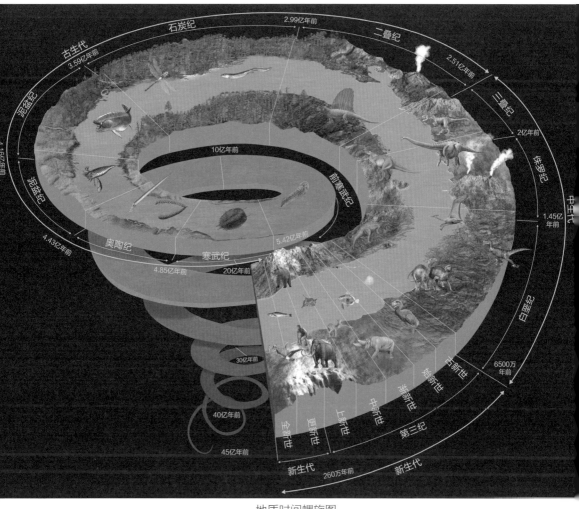

地质时间螺旋图

在时间上不精准，也可能由于对进化转折的理解不同而认可不一，但梳理"进化拐点"对找出整体进化规律却是有益的，值得做更多的尝试。这里不妨梳理一些"进化拐点"出来，看看能否构成一幅有规律可循的加速进化图景。

拐点之一：太古宙出现了生命。把这第一个拐点称为"起点"也许更合适，因为在生命出现之前无所谓"进化拐点"。一般认为，地球在46亿年前形成以后，大约经过10亿年的冷却便出现了最原始的生命。但近年的考古发现，地球上生命出现的时间还要更早些。2016年澳大利亚地质学家在格陵兰岛发现了微生物菌席的化石，距今约有37亿年。紧接着，2017年英国伦敦大学两位博士在加拿大魁北克又发现了更早的管丝状微生物化石，距今至少也有37.7亿年[16]，这是已发现的地球生命最早的记录。

拐点之二：寒武纪生命大爆发。这是地球历史上一件妇孺皆知的往事，它发生在距今大约5.4亿年前。那时候地球正处在古生代之初，大量新物种突然间井喷式涌现，物种多样性的生态雏形开始建立。按照界门纲目科属种的分类法则，现代生物中绝大部分"门"一级和不少"纲"一级的物种，都在这场大爆发中奇迹般地出现在了地球上。

拐点之三：白垩纪物种大灭绝。虽然此前在奥陶纪、泥盆纪、二叠纪和三叠纪发生过4次生物灭绝事件，但规模和意义都有限。白垩纪的这场物种灭绝，消灭了当时地球上约三分之一的生物科属，其最大的"拐点"意义在于干掉了处于霸主地位的恐龙及其同类，为哺乳动物及后来人类的登场提供了契机。这场灭绝事件的原因至少有20来种说法（小行星撞击只是其中一个说法，别当成是绝对真理），时间上大都以6 500万年前恐龙消失为标志，实际的"拐点"可能还要更早些，应该在大约7 500万年前。这是因为，科学家在7 000多万年前的恐龙蛋化石上发现，蛋壳与更早期的恐龙蛋相比有变薄的趋势，而且蛋壳上的气孔也明显减少[17]，这说明在恐龙大绝灭之前已出现了生存环境的恶化。

拐点之四：新近纪的中新世，人科动物与猿类彻底分离。这个拐点开始于大约1 100万年前，地壳运动造成非洲东部的大地形成了一条大裂谷，这条大裂谷把非洲分隔为东非和西非两个相对独立的生态系统，成了人与类人猿分道扬镳的关键。裂谷以西环境改变不大，猿类无须过多适应依然能在茂密的丛林中生活，也就注定了那些大猩猩们至今仍进化不到人类阶段。而裂谷以东则完全不同，由于地壳变动降雨量减少，大片丛林变成了草原，大部分"不适应"的猿类纷纷灭绝，一小部分"适应者"被迫从树上下来学会在地面生活，一代代向着直立行走的方向发展，并成功地进化成了人类的前身——南方古猿。进化论一般推断，从猿开始向人的方向发展应该是在1 000万年以前，这个结论近年也有了化石明证。2016年科学家在埃塞俄比亚的阿尔法裂谷发现了一批猩猩的牙齿和骨骼化石，被认为是1 000万年前早期人类与类人猿在非洲"彻底分家"的证据[18]。

拐点之五：第四纪的更新世，猿人攀向生物链顶端。按照尤瓦尔·赫拉利在《人类简史》一书中的说法，人类原先处在生物链的中游，到了距今数万年前的晚期智人阶段跃上了生物链顶端，成了这颗星球上的绝对霸主[19]。实际上这是个漫长的过程，向生物链上游进军的时间节点要早得多，从晚期猿人阶段就开始发力了。猿人进化到了距今约160万年前，已能够直立行走、奔跑，会制造石器工具，脑容量也有了明显增大（平均1 000毫升），还会集体采集和狩猎，并且学会了用火，这些都足以在动物界脱颖而出。特别是猿人学会用火，这是控制和使用自然力的一个标志性事件，是其他高等动物所不具备的能力，攀向生物链顶端的拐点也由此出现。1972年考古学家在肯尼亚的巴林戈湖附近发现了猿人的头骨及用火的最早证据，在该湖的契索旺加地层中发现了一些红色黏土，这些黏土有明显被加热过的痕迹，其历史可以追溯到距今142万年前[20]。同时，在该湖的库比佛拉地区还发现了一个像地炉一样的凹坑及一些焦红的土壤沉积物，很明显是被高温烧烤过的痕迹，人类这一最早的用火证据距今至少有150万年。

拐点之六：早期智人出现。地球上现今的全体人类，无论是亚洲人种（黄种人）、高加索人种（白种人），还是非洲人种（黑种人）、大洋洲人种（棕种人）都是智人，而且是唯一延续下来的智人种属。早期智人出现在大约25万年前，已发现的化石包括欧洲的尼安德特人、中国的丁村人、马坝人，非洲的罗德西亚人等多个种属，它们后来悉数灭绝被晚期智人所取代的原因，说来五花八门、莫衷一是。如今知道的情况是，早期智人与之前的猿人相比，有了智力上的显著优势（脑容量平均1 350毫升），而且很快就在非洲及欧亚大陆上扩散开来，这对地球生物的整体进化无疑是个重要转折。距今5万至25万年前的化石发掘[21]，从不同角度印证了早期智人的广泛分布和对后续进化的深刻影响。

拐点之七：晚期智人向现代人类跃变。距今约3.5万年前出现的晚期智人，在体质方面已经非常接近今人，脑容量也与今人几乎无差别（平均1 400毫升），开始全面迈向"现代化"。生活在大约3万年前的法国克罗马农人和中国周口店的山顶洞人，是晚期智人的典型代表，相关的化石研究已多有披露。这种"新人"不仅能打造取火、钻孔、采集、狩猎的各种石器和骨器工具，而且造出了前所未有的项链、石珠、壁画等早期艺术品，建立了靠血缘维系的氏族社会，萌芽状态的人类文明开始出现。

拐点之八：人类进入文明发展时期。这个转折点无须赘述，人类文明的历史跨度世人皆知，已有"5 000年文明"。

以上8个拐点是地球生物漫长进化历程中的重大转折，用图表罗列如下：

进化拐点时间

进化拐点事件	时间点（年前）	两次拐点间隔时间（年）
原始生命出现	37.7亿	
寒武纪生命爆发	5.4亿	32.3亿
白垩纪物种灭绝	7 500万	4.65亿
人与猿彻底分离	1 100万	6 400万
攀向生物链顶端	160万	940万
早期智人出现	25万	135万
向现代人跃变	3.5万	21.5万
文明发展阶段	0.5万	3万

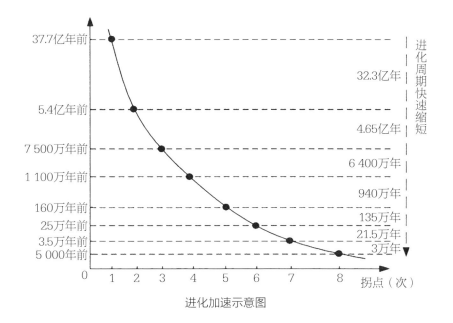

进化加速示意图

这样一展示出来，地球生物的加速进化趋势便一目了然。每次拐点的出现时间，都比上一次拐点的耗时明显缩短，而且有一定规律性。第二个拐点与第一个拐点间隔32.3亿年，第三个拐点与之前间隔4.65亿年，耗时是上一次的1/7左右。第四个拐点与之前间隔6 400万年，耗时也是上一次的1/7左右。第五个、第六个、第七个、第八个拐点与之前间隔分别是940万年、135万年、21.5万年、3万年，耗时都是上一次的1/7左右。很显然，生物"宏进化"过程中的重大转折存在这样一条加速规律，其加速率约为"1/7"。虽然我们不清楚这种加速进化的原因，却可以据此探讨人类未来的进化节奏。

实际上，从第五个拐点开始，人类逐渐攀上了生物链顶端，自那时起，这颗星球上的生物进化便围绕着人类的进化而展开，或者说人类的进化主导着整个地球的物种进化。按照"1/7加速进化规律"，地球生物的整体进化已在第八个拐点进入了人类文明发展阶段，从大概的时间上推断，第九个拐点眼下正在形成。人类是否还会进化？如果继续进化会朝何处去？近年这类问题的出现，或许正是转折前夕人们一些下意识的纠结。

"进化停滞论"就是在此背景下提出来的。有些科学家明确指出，人类目前的生命形式已进化到了终极水平，继续发生大变化的可能性不会再有了。英国伦敦大学的史蒂夫·琼斯教授是这种"进化停滞论"的代表人物，他从20世纪90年代以来多次说过，在地球一体化的生活模式下，能促成人类进化的自然选择力量已彻底失效，也不会再有大裂谷那样的隔离生态了，进化终止的时候已到来[22]。然而，也有一些科学家并不同意进化停滞的说法，他们认为进化从来不会终止。比如说，机器替代手工劳动导致手和脚的差别越来越大，长期室内生活导致视力退化、近视眼越来越多，环境和辐射污染导致生殖功能不断下降等，这样的进化实际上仍在进行着。尤其是进入文明阶段以来，进化不能只看机体器官的表面变化，也要看到文明的进步和知识的爆发，让大脑功能成了进化最明显的部分，这起码也属于"微进化"，而且人类智能在短期内的迅速提升符合进化加速的总趋势。

但是，反驳"进化停滞论"的依据似乎并不理直气壮。除了讲到大脑功能有所增强以外，强调其他器官的所谓进化，其实都是不同程度上的"退化"。从文明时代几千年间人体结构的变化情况来看，与人类进化史上的任何一个时期相比，进化确实在相当程度上出现了停滞现象。然而，"进化停滞论"却过于悲观了，它只把视野盯在地球上，没有考虑到出壳进化，而这一点恰恰是未来进化的大势所趋。

与悲观主义者相反的是，许多乐观主义者虽然也没有看到出壳进化的趋势，却对人类的进化前景另有一番殷切期待。他们把将来用基因技术塑造出的"基因人"、半人半机器的"杂合人"也都列为进化的方向，然而这并不靠谱，且不说这样的人种改造是否符合伦理（2018年11月深圳的"基因编辑婴儿"事件已引起全球非议），假如真的朝这种方向发展，"基因人"或"杂合人"肯定比常人具有体能和智能上的优势，其结果只能是导致人类社会的严重分化，必将出现更残酷更激烈的"窝里斗"。也许还没等到出壳便会在地球上斗个你死我活，直至彻底自毁。

其实，就进化本身的意义而言，企图干涉人类的自然进化，依托日益发达的科技去重塑人类自身，最终都将把人类带进一条"退化"的死胡同。试想一下，一旦地球人变成了遗传密码可以随时修改，或是身上的"零部件"可以随时更换的"新人类"，遍地都是怪物、人人可成枭雄，那离全人类的末日还远吗？因而身处进化拐点的当代人类，必须保持足够清醒的理智，要像反对"克隆人"那样，坚决抵制"基因人""杂合人"的出现，守住人类安全进化的底线。

人类从动物界脱颖而出以来，没有任何超自然的力量帮助我们去追求进化的"最优"。事实上到今天为止，我们的机体依然很不"完美"，力气赶不上大象，奔跑不如骏马，爬树比不上猴子，游泳更是不能跟鲸鱼相比，甚至一点都不会飞翔。就像有人说的那样，要是现在开一个全球动物界的奥运会，人类确实连一块奖牌也别想拿到。但是，大自然照样驱使我们成了这颗星球上的绝对霸主，这是进化体现出来的一种向前进却不求完美的神奇力量。这种进化过程中的天然法则，不会也不可能被"人定胜天"的豪言壮语所改变，人类除了顺势而为，别无选择。当前面临的进化拐点与以往不同的是，人类对生物进化有了科学认识，并有了干预自然进化的一定能力，所以"乐观进化论"很容易迷失方向，误导科技界把精力投向"新人类"方面的研究，尽管这是在不知不觉中发生的。人类在环境问题上或有"先污染后治理"的机会，但在进化问题上"先污染"，恐怕不会有"后治理"的机会。

即将到来的进化拐点，很可能是人类在地球上进化的最后一次转折。对化解"进化停滞"危机的这场全新转折，既不必悲观也不可盲目乐观。虽然我们并不清楚，人类作为一个自然物种将来会进化成什么样子，但我们已经预见到人类明天的走向，那就是，冲出束缚了千百万年之久的无形之壳。让地球物种进入广阔的太空继续进行自然进化，让星球文明进一步发展成星系文明，这是浩浩荡荡的进化潮流，顺之者昌逆之者亡。推动人类的出壳进程，便是顺应进化拐点的理智选择。人类文明至今已发展了四五千年，按照"1/7加速进化规律"推算，出壳将在未来的600~700年进行，也就是从当今到公元2700年左右，人类将完成出壳转折。到那时，出了壳的人类将会沿着崭新的路径继续进化。

3. 前奏曲

进入21世纪以来，全世界密集的航天发射举动，以及雄心勃勃推出的各种太空计划，让人们感受到航天业热气腾腾，正在骤然升温。在2018年这一年内，全球航天发射就已超过了100次，而上一次年度发射破百还是1990年的事。与那次冲高之后迅速降温不同，这回冲高的趋势丝毫没有要减弱的迹象，各国有预告的航天发射在接下来几年还会有增无减，愈演愈烈的态势很明显。

发生这种变化的一个重要原因在于，民间力量迅速崛起，打破了政府对航天业由来已久的高度垄断，出现了民办挤进官办并与之共舞的新格局。在20世纪，私人造火箭、玩飞船还像是天方夜谭的事，但就在刚刚过去的不到20年间，全球共有1 700多家私营航天公司如雨后春笋般冒了出来，这是前所未有的新气象。伊隆·马斯克创办的SpaceX公司、杰夫·贝索斯创办的Blue Origin（蓝色起源）公司、理查德·布兰森创办的Virgin Galactic（维珍银河）公司就是其中的典型代表。这些先知先觉的商业精英感悟到了出壳的趋势，以堂吉诃德式的自信硬着头皮冲向航天业的江湖，不计代价、不惧失败，已把这个领域搅得风生水起。

航天业说来也是冷热交替的，自20世纪中叶兴起以后，因其耗资巨大而一直由政府在主导着。继苏联和美国分别于1957年、1958年成功发射卫星之后，世界上只有少数有实力的国家或组织机构跟进、参与航天活动。法国在1965年11月26日、日本在1970年2月11日、中国在1970年4月24日、英国在1971年10月28日、欧洲空间局在1979年12月24日、印度在1980年7月18日相继用自行研制的运载火箭成功地发射了各自的第一颗人造卫星。即使这些为数不多的参与国家或组织机构，当年费了九牛二虎之力也无法跟进美苏两强的太空争霸步伐。要知道，从第一颗卫星上天，到载人航天成功，再到阿波罗飞船登月返回，只用了短短12年时间，这种科技史上绝无仅有的"大跃进"造就了航天业的一波高潮[23]。后来，随着苏联的衰落、解体，"劳民伤财"的太空军备竞赛渐渐降温，月球也再没人光顾。冷战就这样先在地球之外结束了，航天业发展也进入了低谷。

很多人可能早就听说过，航天业每投入1元就会有8~12元的回报。现在回过头来看，那完全是自欺欺人的一大谎言，要真有那样的好事就不会忽冷忽热了。但谁也没料到，沉闷了一个时期的全球航天业，会在21世纪之初被一匹匹民间杀出来的"黑马"抢去了风头，"小马驹拉大车"引起了世人瞩目。

然而并非人人都能意识到，马斯克、贝索斯这些先驱者干的事，是在颠覆整个航天业，他们正在奏响人类出壳的序曲。

这些涉足航天领域的"黑马"们有着大同小异的创业背景，他们大都是通过早期的商业成功有了雄厚的资金实力和社会影响力，再来实现自己儿时的太空梦想。马斯克小时候读了亚当斯的科幻小说《银河系漫游指南》后，便立志要让更多的人迈进太空。他最初的事业与太空毫不相干，后来他把自己创立的一家软件企业卖给了康柏电脑公司，淘到了第一桶金，接着他又创立了在线支付产品X.com，卖给eBay成了亿万富翁，这之后他决定成立一家商业化的太空公司，于是SpaceX在2002年诞生。贝索斯也一样是个IT（信息技术）男，5岁时看了人类登月的一幕便憧憬着太空探索，后来他成功地创建了亚马逊公司，接着就很快转头瞄上了航天业。他似乎更财大气粗些，行动也更早些，Blue Origin公司在2000年就已宣告成立。

对于他们涉足航天业的动机，从商业角度去解读也是很有意义的，他们的直接目的就一个：大幅度降低太空旅行的成本。马斯克和贝索斯都注意到，航天发射的浪费相当惊人，那些昂贵的火箭其实只有1%的成本花在了燃料上，更大的成本来自硬件的遗弃，"哧溜"一下飞出去就烧掉了大把钞票。因此，马斯克一直致力于火箭零部件成本的控制，并着手开发可回收利用的大型火箭。如今SpaceX的发射报价为每次6 120万美元，而其他供应商的报价则高达2.5~4亿美元不等，以至于NASA也不得不青睐"猎鹰"系列火箭。2015年SpaceX的"猎鹰9号"在完成发射后，成功地实现了一级火箭的陆地回收，接着又在2016年首次实现了火箭的海上回收。2018年2月，举世瞩目的"猎鹰重型"火箭发射升空，这是现役运载能力最大的火箭，这枚火箭搭载着一辆红色特斯拉跑车成功发射后，SpaceX还成功地回收了两枚助推器，马斯克正在把以往必须烧掉的钱大把大把地捡回来。贝索斯也在干着同样的事，他相信总有一天"所有的火箭都会有起落装置"。Blue Origin开发的第一款火箭能够做到正面朝上飞向太空，回收降落时尾部着地，这款名为New Shepard的火箭已取得成功，并于2016年实现了同一枚火箭在地球与太空之间的5次往返。贝索斯在接受记者采访时说，"我最引以为骄傲的是，当我80岁的时候（2044年），如果Blue Origin能够大幅度降低进入太空的成本，出现宇宙探索的大爆发，那就会像20年前人们大举进入互联网一样"[24]。

贝索斯说的没错，降低成本是普及商业航天活动的关键，这一点在政府主导下的航天业很难做到。尤其是载人航天这样的超级"面子工程"，只许成功不许失败，形成了"不惜重金确保万无一失"的思维模式，让航天成本长期以来居高不下。马斯克在创建SpaceX之初就说过，发射火箭的最大挑战不是技术，而是政府与大公司的官僚主义，NASA从来就没有

可以回收和重复使用的猎鹰九号重型火箭

考虑过成本控制。在这个问题上，他跟贝索斯可谓英雄所见略同，两人都有大规模推广商业航天的想法。马斯克提出的"小目标"是，要在100年内将100万人移民到火星，贝索斯更是豪言壮语预测说："数百年后将有一万亿人生活在太空，那里将出现'1 000个爱因斯坦和1 000个莫扎特,'[25]，当务之急是要搞廉价航天把更多的人带到那里去。"应该说，这些大佬们已经预感到出壳时代即将来临，一旦安全的太空旅行卖到了白菜价，破壳而出就会成为势不可挡的潮流。

然而全世界商业大佬多得很，从小向往太空探索者也大有人在，为何偏偏是马斯克、贝索斯这些人标新立异率先冲进了航天业？这可能是"春江水暖鸭先知"的效应。私营航天公司的创业者们，大都具有IT或相关高技术领域的从业经历，这些弄潮儿见识了新技术正在带领人类社会进入一个空前的发展时期，他们因而确信太空才是施展拳脚的未来大舞台。参与了多家私营航天公司投资的Dylan Taylor说过，他在跟这些勇立潮头的创业者们接触中感受到，当今看到的智慧城市、人工智能、无人驾驶汽车等新领域，都会在某个节点上跟太空有关联，而且应该就在未来十几年内会发生。

马斯克和贝索斯们的实践，还有更重要的意义在于，他们成功撬动了民间资本大举投入到航天业。以美国为例（如今全世界的私人航天企业近一半在美国，其中一些最牛气的公司也在美国，就连英国人创办的维珍银河也立足美国开展业务），2010年前后在SpaceX和Blue Origin引领下，民营航天公司的兴建迎来了一个高峰，为空间站提供硬件产品的Nano Racks公司、开发第一台太空3D（三维）打印机的Made in Space公司、利用卫星采集地球数据的Planet Labs公司、向月球表面发射登月器的Moon Express公司、研发太空采矿技术的Planetary Resources公司等小有名气的企业，都是那时候创立起来的。与此同时，民间资金大举介入航天业的速度明显加快，微软、亚马逊、脸书、谷歌、苹果等商界巨头都注资进入了这个领域，甚至连中国的长江实业、腾讯等也注资进入了美国的民营航天企业。据统计资料显示，2015—2018年间民营资本在该领域的投入已达790亿美元[26]，超过了过去15年投资的总和。贝索斯最近还宣布，每年将另套现10亿美元的亚马逊股票投入航天业。受美国民营航天的鲶鱼效应影响，世界各主要航天国家群起仿效，俄罗斯的Dauria公司和Sputnix公司、英国的Clyde太空公司和德国的柏林太空技术公司、日本的Axelspace公司等，都是近年崭露头角的商业航天公司。

　　我国的民营航天也已经开始起步，从2014年起出现了以北京蓝箭空间科技有限公司、重庆零壹空间航天科技有限公司、北京星际荣耀空间科技有限公司等为代表的一批具有民营色彩的航天企业，短短几年发展迅速。尤其是在2018年留下了浓墨重彩的一笔，这年4月首枚民营固体验证火箭"双曲线一号"在海南发射升空，拉开了国内民营火箭发射的序幕，紧接着一个多月后，首枚民营自主研制的火箭"重庆两江之星"探空火箭在内蒙古发射取得了成功。截至2018年10月，我国一共完成了30次航天发射任务，其中民营公司承担了5次，因此2018年被称为是中国民营火箭发射的元年。

　　无论是美国、中国还是俄罗斯、日本，民办力量的兴起给传统航天业注入了前所未有的活力。虽然目前从官办手里分得的"蛋糕"还很少，但"四两拨千斤"的效果已初现端倪，这为人类出壳创造了前提条件。一来民间力量的介入降低了航天业的门槛，华丽的"贵族"终将一天天变成简朴的"平民"。二来航天业的军事色彩将日益淡化，民间力量不玩"星球大战"，因而更容易按照经济规律广泛开展国际太空合作。三来民营航天注重太空商业的开发，天长日久必将形成庞大的社会需求，从而有力推动出壳进程。所以有人说，没有哪个宇航局能做到马斯克现在做的事，如果将来真有移民外太空那么一天的话，做出这种决定的可能不是某个国家元首，而是民营公司的领袖们[26]。当然，这是一种美好预言，也是对未来航天业的期待。

　　就目前的总体情势来说，民营航天毕竟刚起步，还处在"芽苞初放"的阶段，太空探索的大舞台上仍是政府的航天部门在唱主角。在科技的推力和太空潜在商业价值的拉力作用下，进入21世纪以来的航天活动日益丰富多彩，不仅为民间力量的大举介入提供了越来越多的机会，而且正在兴起一场顺应出壳需要的所谓"新太空"运动。

　　"新太空"运动源于美国，按照太空周刊*SpaceNews*及NASA的说法，这是通过经济开发去拓展太空边疆的一股新潮流，它有别于冷战时期军备竞赛的"旧太空"时代[27]。这场"新太空"运动的兴起并非空穴来风，而是政治、产业、技术、社会及商业等多种因素综合作用的必然结果。从政府层面来说，美国要巩固在全球的太空领导地位不能总靠政府的高投入维持，而要引导和鼓励更多的商业机构参与太空开发。"亲商业"的太空政策其实是寓军于民的战略举措，最终目的还是为了抢占太空军事新的制高点。NASA和DARPA（美国国防部高级研究计划局）在21世纪之初提出了一揽子太空计划等着实施，有更多的商家"陪着玩"何乐而不为。从产业技术层面来说，航天业作为一个技术高度密集的领域，也是培育经济新增长点的有效途径，微电子、纳米技术、大数据、新材料等几乎所有的当代高新技术都可以在这场运动中得到巨大的商业应用。例如，3D打印技术不仅能在地面上缩短火箭的制造周期，而且能在太空中解决航天器的循环使用、再造问题，从而大大提高可持续发展的能力。从全社会的动力基础来说，美国民众对太空探索的热情经久不衰，几十年前已家喻户晓的《星际迷航》系列大片每隔两三年便推出一部新作，一直推到了新世纪依然很叫座便是个明证，影片中柯克舰长的那句经典台词"太空，我们最后的边疆"早已深入人心。在这样的氛围中，社会各界对21世纪的太空探索充满了新的期待，"新太空"运动渐成气候也就不足为奇了。

受"新太空"运动的影响，世界各主要航天国家都在紧锣密鼓地实施各自的太空计划[28]。美国在2004年发布了以重返月球为起点的一系列太空计划，名曰"空间探索新构想"（VSE），其基本目标是"通过有力的空间计划推进美国的科学、安全和经济发展"。2007年NASA对VSE的任务进行了修订，主要内容是要在2021年左右重返月球并建立前哨基地，继而深入太阳系深空开展活动，在2030年以后把宇航员送上火星并随后前往小行星带，同时还要开展寻找类地世界的探测活动。而SpaceX则发布了雄心勃勃的"星际运输系统计划"，马斯克宣称最早能在2025年实现载人登陆火星。俄罗斯公布的"2006—2040年远期航天发展规划"目标也很明确，计划在2015年完成国际空间站"俄罗斯舱段"的建设，2025年实现载人登月，2030年前后建成一座有人居住的月球基地，2035年后开展载人登陆火星任务。欧洲宇航局（ESA）公布的"曙光"太空探测计划是由欧洲多国商定的，该计划提出了三步走的发展目标，第一步是在2015年前发射一批无人探测器，包括月球、火星、彗星、金星和水星的探测器（重点是火星），第二步是在2020—2025年向月球发射载人飞船，并向木星、土星及其卫星发射无人探测器，第三步是在2025—2035年实现载人登陆火星，并向小行星发射登陆探测器采样返回。日本宇宙航空研究开发机构（JAXA）也公布了"太空开发远景规划"，计划在2025年前研制出能重复使用的载人航天器，继而实现载人登月并建立月球基地，并对金星、水星、火星和小行星进行采样探测。印度也在谋求航天活动中的崛起，印度空间研究组织（ISRO）计划在2020年前后把宇航员送上月球，同时开展金星、水星的探测，印度的火星探测任务已于2014年启动，并打算在2025年开展小行星和彗星的探测活动。

我国的航天发展进入21世纪以来已跻身世界先进行列，2000年国务院新闻办发表了《中国的航天》白皮书，随后各项航天计划扎实推进，取得了令人瞩目的成就。继2003年"神舟五号"首次载人航天成功之后，又在2011年成功发射了"天宫一号"目标飞行器，并分别与三艘神舟号飞船进行了6次交会对接，接着又在2016年发射了"天宫二号"空间实验室，为在2020年建成空间站奠定了坚实的基础。与此同时，我国还先后发射了"墨子号"量子通信实验卫星、"悟空号"暗物质探测卫星、"实践十号"微重力实验卫星等一批科学探索卫星，并于2017年开始发射"北斗三号"组网卫星，由此步入了中国北斗卫星导航系统的全球组网新时代。在登月行动上我国也是稳步推进，2004年正式启动了"嫦娥工程"探月计划，分为"无人月球探测""载人登月""建立月球基地"3个阶段实施。从2007年开始，"嫦娥"系列无人探测器已陆续成功奔赴月球，预计2025年前后中国人就会在月球上踏足。就目前世界各国的登月计划进展情况来看，中国很有可能是继美国之后，第二个实现载人登月的国家。在太阳系深空探测方面，我国也在加紧进行着，2020年7月已发射第一个火星探测器"天问一号"，2022年将发射近地小行星多目标探测器，2023年将把探测车送上火星。虽然我国至今并没有公布载人登陆火星的时间表，但2018年10月央视网发布了一条"中国火星模拟生存基地公开亮相"的视频消息，让国人大开眼界并充满了期待。这个基地建在甘肃省金昌市郊外的戈壁滩上，四周奇特的地形地貌、火红的岩体、险峻的山脉，看上去与火星的地貌非常相似。模拟基地中建成了气闸舱、总控舱、生物舱等9个舱

嫦娥4号月球探测器

体及舱外场地，在最大程度上还原火星场景，模拟航天员登上火星之后的生活。联想到2016年，我国成功地开展了一次名为"绿航星际"的模拟太空生活试验，也主要是以火星生活为背景的，4名志愿者在密闭的受控生态舱内自给自足生活了180天。毫无疑问，若没有把人送上火星的计划，建这种庞大的火星模拟基地、搞这种长期太空生活试验干吗？因而可以预见，中国在实现载人登月目标后，接着就会展开载人登陆火星的行动，时间上跟美国应该相近。

目前各国的太空计划虽然各有侧重，却有一个共同点就是，都瞄着载人登月的近期目标要建立月球基地。这道理听起来很简单，长远战略是要以月球为跳板奔赴深空。2017年10月NASA再次宣布要尽快"重返月球"，明确提出把月球作为下一步载人登陆火星及更远探测的"桥头堡"。俄罗斯也在同年宣布，将在两年内发射"月球25号"探测器，这是继1976年苏联的"月球24号"中止之后的重启行动，俄罗斯还制定了未来几年内"月球26-29号"的登月计划。欧洲宇航局当然也没闲着，自"智能1号"探测器2006年定点撞击月球取得成功之后，也明确宣布要在月球上建立一个存储地球物种的"诺亚方舟"，实际上也是要建立永久居住的大型设施。日本、印度等近年也不甘示弱，已接二连三向月球发送了探测器，目的无非也是为了尽早在月球上抢占一席之地。看看吧，如今的月球越来越有了"新大陆"的意义，预计今后10年内，抢滩登月的壮观场面将陆续展现在人们面前，但愿"窝里斗"的惯性不要延续到月球上去，千万别引起火并才好。

其实早在1979年，联合国就出台了一个《月球条约》，规定月球及其资源是"全体人类的共同财产"。但这是个"软性"条约，联合国的五大常任理事国至今谁也没有签署这一条约，这不是拿大多数没实力登月的国家开涮吗？月球虽说不属于任何国家，但条约允许各国和平开发利用，说白了就是谁先开发谁先得利。月球这个地外"新大陆"的表面积虽然不小，但资源肯定不是均匀分布的。别的理由且不说，就算是作为深空探测"桥头堡"的意义，那也有个"抢占有利地形"的问题，激烈的竞争不可避免。所以说，月球亿万年"寂寞嫦娥舒广袖"的时代即将结束，这一天指日可待了。

如果说抢滩登陆月球的"拼杀"高潮还没到来的话，那么，抢占卫星轨道资源的"争夺战"却已经实实在在打响了。你现在打开谷歌地图，可以看到地球上所有人造卫星的分布，密密麻麻跟蜂群一样看得人头晕目眩。谁都明白，环绕地球四周的卫星轨道容量有限，虽然有相关的国际组织进行协调，但"先到先得"是基本的游戏规则，"抢位""占坑"的闹剧已经开场。实际上，在距离地面3.6万千米的地球静止轨道上，各国抢占卫星位置的现象已多次出现，不得不依赖国际电信联盟的"劝架""调和"才勉强解决了冲突。然而，把卫星送入地球静止轨道还只有少数航天大国能做到，更多的国家和不大的商业卫星公司，都只能把微小卫星送入距地面300~1000千米的近地轨道上，这一块的国际竞争更加激烈。

近年来最让人感到震惊的就是SpaceX公司推出的"星链计划"。该计划要用多达1.2万颗小卫星形成覆盖全球的密集卫星网，首期拟发射1 600颗小卫星进入中低轨道，2018年2月第一批验证卫星已经升空，同年12月该公司又用猎鹰9号火箭成功进行了"一箭64星"的发射。还不仅仅是SpaceX一家在折腾，谷歌等另一些民营公司也在策划小卫星的星座计划，这些计划拟发射的卫星数量同样惊人，都在数百颗到数千颗不等[29]。这样的玩法，从好的一面说是展现了商业太空的前景，从不好的一面说则是在进行轨道资源"跑马圈地"的暗战。与此同时，卫星通信频道也成了暗战中的争夺焦点。事实上，不管是通信卫星、导航卫星还是遥感卫星，都要用特定范围的无线电频道来传递数据，过于密集的卫星无疑会形成相互间的通信干扰，因而频道的争夺也很激烈，要不然你抢不到频道，发射了卫星也白搭。而且，卫星轨道、频道的竞争具有一劳永逸的"占坑"意义，即使先占者的卫星一个个到了寿终正寝的时候，人家也会不断发射新卫星进行补位，后来者等着"重新洗牌"怕是没门。这样一来，此时不抢更待何时，也就能理解这场暗战的激烈较量程度了。

"溪云初起日沉阁，山雨欲来风满楼"。出壳的大戏尚未拉开帷幕，砰砰锵锵的前奏已经响起。应该说，如今的出壳前奏有点像当年的互联网兴起之初，先知先觉者正在朦胧中布局，甚至是在"烧钱"抢占先手，等待着出壳火候的到来。因此，现在的前奏曲还不能算是出壳的开始，预热过程尚在进行中。那么何时意味着出壳的启动？那理当是在建起了一个个有人居住的月球基地之后的事了。如果从某个时段开始，每天有人穿梭往来于地球与太空之间，普通旅行者也能像宇航员一样光顾月球，民营航天开始挑大梁的时候，出壳时代就真的来临了。这一天不会太远了，我们有充分的理由期待着，不仅仅是因为感受到了出壳前的节奏，而且还因为科学技术有其本身的发展趋向，下一步正朝着出壳方向演进，这一点也已经能看出端倪了。

二

伴行

　　最近三四百年，人类社会的面貌天翻地覆，突然间发生了剧变。
　　产生这一剧变的原因，就是人类在进化的旅程中遇到了科技体这
个伴行者。

智人出现在这颗星球上至少已有20万年了，进入文明时代也有5 000年历史了。这一漫长的过程，实际上是以"适者生存"的节奏在缓缓演化着。然而最近三四百年人类社会的面貌天翻地覆，突然间发生了剧变。这种加速变化是看得见摸得着的，你不妨随便数一数身边琳琅满目、五花八门的物品，恐怕数个百十种也数不出几样东西是300年前已经存在的。那年头别说是汽车、空调、手机了，就连电灯、抗生素甚至圆珠笔、丝袜这样的小玩意也没人见过，更遑论飞机、高铁、摩天大楼这种大型的现代化产品了。说来咱们这些当今草民的生活质量远远超过了康熙时代、斯图亚特王朝的皇帝和富豪们，人均预期寿命也翻了倍，似乎一下子从初级进化走到了高级阶段。古代先哲们谁也不曾料到，好像"砰"然一声巨响，从此一切都变了，找到高速路的入口了。

产生这一剧变的原因，就是人类在进化的旅程中遇到了科技体这个伴行者。这是个神奇的"驴友"，它自身从无到有，从两条不相干的单链到合而为一、自成一体，进而牵着人类的手离开了过去缓行的羊肠小道，大踏步前进走到了今天，并且惯性使然，眼下它还在拽着人类一起朝着出壳的明天迈进。

对这样一个牵手伴行的"驴友"，我们把传统视角改变一下可以看得更清楚，它当年问世之初的1.0版本一直在进行着迭代升级，到今天已是科技5.0时代了。

1. 伴行之前的科学和技术

"科技"这个词汇在当今如雷贯耳，也是目前中国使用频率最高的一个"热搜词"。然而，在英语的语境中，"科技"并没有相对应的一个词语，而要用"Science and Technology"两个词加起来表达，"科学"和"技术"严格说来是有不同含义的，但在很多时候，"科技"译成英语更习惯用于表述"技术"的一面。汉译英不能一一对应，便只能往"技术"一头侧重。最近几年，凯文·凯利（KK）的一部著作 *What Technology Wants*（《技术想要什么》）畅销全球，中译本则名为《科技想要什么》[30]。从全书的内容来看，译成"科技"更清晰地表达了作者的本意，这只能说明英语世界至今还缺乏"科技"这么一个合成词。因为"科技"既不同于以往的"科学"，也不同于以往的"技术"，而是已发展成为一个独立的新概念，一个让包括凯文·凯利在内的很多人感受到了的客观存在。

科技、科技，似乎就只是科学和技术二者的统称，舍此还能有什么意义？在许多人眼里，科学和技术应该是一对"孪生兄弟"，至少也该是亲密的"发小"或"闺密"之类的铁杆，所以才有了科技之说嘛，其实这是大错特错，大谬特谬的。科学和技术出身完全不同，它们紧紧地拥抱成一团，以至于像结成对的染色体那样紧密联结，在如今看来是那样的难分难舍，那都是最近300年的事，早期并非如此。

在历史上，科学和技术本是两股道上跑的车，走的不是同一条路。长期以来，它们实际上是分开发展着的，彼此之间的关系非但不密切，可能碰了面都形同陌路，西方语境一直用两个不同的词汇来描述正表明了这点。

先简单说一说科学。与技术相比它算是个"后生仔"，但其出身显得要"高贵"些。作为一种理论形态的东西，科学是人类进入文明时代以后才开始萌芽的，而且长期是在脱离生产实践的上流社会阶层中散乱发着芽。达官贵人们当中总会有些"不安分"的人，茶余饭后琢磨一下大自然的奥妙并给出自己的解释，这也在情理之中。无论是西方的古希腊、古埃及，还是东方古代的中国、印度，在科学史上留下芳名的人物几乎都不是贫苦出身的劳动人民。即使到了近代早期也依然如此，哥白尼是牧师、哈维是御医、拉瓦锡是税务官、富兰克林是政治家等，不一而足，玩科学完全是他们的业余爱好。而且，科学的成长过程是人类追求理性活动形式的一部分，它往往与宗教、迷信、哲学等纠缠在一块、融合在一起，难以从中完全剥离出来。一直到近代哥白尼革命之后，科学才真正开始脱胎而出，有了独立存在的形态，并很快摆脱了自然哲学的束缚。正因为独立的科学形态很年轻，人们认识"科学"的概貌就更滞后了。源于拉丁语系的"science"一词在19世纪以后才被英语世界采用，20世纪初严复借用日语译名"科学"把这个概念引进了中国。这么短的历史起码表明，科学对人类来说并不是一种古老的力量。

技术则是一种古老的力量。作为生产劳动的技巧和经验，它的出身直接来自劳动人民，而且有着悠久的、独立发展的历史。自古以来，技术一直有着丰富而连续的传统，是人们在征服自然、改造自然的生产实践中的漫长积累和总结。在农业、建筑、纺织、酿造、医疗和许多其他实践活动中，技术都有延续发展几千年的记录。在这一过程中，技术的发展主要不是运用了科学知识，而是由富有实践经验的人自觉不自觉地积累起来的，说白了就是熟练的手艺，出自古希腊亚里士多德的"Technology"一词本意也是这种含义。虽然自古以来各行各业的技术无处不在，但其代代传承靠得也不是科学理论的阐述，而主要是通过师带徒的方式手把手传授、延续。大量的技术连个正儿八经的名字也没有，当徒弟的若是想问个究竟，往往会招来师父们大同小异的呵斥"少啰嗦吧，跟着学就是了"。由于技术长期得不到科学的帮助，因而其进步是缓慢的。事实上，在近代以前的数千年文明发展历程中，人类还没有遇到科技体这个神奇的伴行者，更确切地说是这个"驴友"尚未出生。

即便是1543年哥白尼宣告革命、科学脱颖而出之后，在接下来的近两个世纪里，科学与技术仍是各自独立地发展着，二者的联系并不紧密，牵手人类阔步前进的壮观场面也没有立马显现。这边厢，牛顿、哈维等人竖起了一面面科学的新大旗，那边厢，马车代步、放血疗法等依然如故。

科学自说自话，技术该咋整还咋整，彼此跟以前一样互不搭界。别的且不论，就连标志着第一次产业革命成果的蒸汽机，也是工匠们在技术摸索中摆弄出来的，而关于蒸汽机的热学理论直到半个世纪以后才问世，已成马后炮了。实际上，第一次产业革命，本身就是在缺乏科学的帮助下完成的，这是个历史事实。直到此后，科学和技术各自独立发展的状况才有了根本改变，两股车道可谓渐行渐近，彼此越来越感觉到对方的存在。一方面，科学家们在开展研究工作的同时，更加关注着研究成果的实际应用。另一方面，技术的发展则不仅为科学提供了更多的新工具，同时也在各个领域给科学探索提出了新的要求。就这样，科学知识的增多与技术应用之间的距离愈益缩小，本来是"道不同不相为谋"的科学和技术，终于越来越紧密地搅和在了一起，从此使人类有了一个加速前进的伴行者，以至于后来让人们日益领教了科技体改天换地的巨大力量。

从现在看来，"科技"绝不仅是汉语无意中造出来的一个词语概念，而是一种真真切切的客观存在。我们在不同情况下分别谈论科学，谈论技术，各有各的语义角度，但这并不影响科技整体意义存在的事实。实际上，科技是由科学"单倍体"和技术"单倍体"结合而成的一种"双倍体"，这是历史发展的产物。

自从科学与技术交汇发展以后，科学日益技术化，技术也日益科学化，二者你中有我、我中有你，"双倍体"特征很明显。尤其是当今高科技时代，许多具体术语单从语义上也难以截然分界，像量子纠缠、基因编辑这样的术语，说它们是技术当然没错，说它们是科学也照样正确。更重要的还在于，科技作为一种整体现象独立存在于世，让越来越多的人切身感受到了这点。凯文·凯利在《技术想要什么》一书中提出，技术是有着生命力的自然系统，是本身也会进化的一种生物形态。地球上现有的生物包括病毒、原核生物、原生生物、真菌、植物、动物共六界，他认为技术属于"第七界生物"。在这里，凯文·凯利已经理会到了科技的整体活性，而这种活性正是由于科学与技术的日益结合才得以显现出来。为了描述科技这一整体，凯文·凯利在英语中苦苦搜寻也找不出对应的词汇，不得不自创了一个单词"Technium"[31]，显然他是既想强调"第七界生物"的整体活性，又想区别于以往的"Technology"一词。但"Technium"这个词依然侧重于技术单体，而无法完整表达出"双倍体"的意义。起初中国大陆学者把"Technium"直译为"技术元素"，后来台湾的版本将其译为"科技体"，大陆很快也采用了"科技体"的译法。应该说，"科技体"的意译更准确地表达和延伸了作者的意图，就是要把科学和技术看作是一个整体，进而阐述这个整体自身的演化规律。用凯文·凯利自己的话来讲，如今的技术元素就像是一个成熟的物种，它在很大程度上体现出了独立性和自主性，技术想要什么指的就是它前进的趋势和方向，人们无法要求技术元素遵从人类的意愿前进，但可以学会利用这股前进的力量，以最小的代价造福人类。

事实上，科技体在刚刚过去的岁月里带领人类加速进步的原因，只从技术演化的单一线条是难以解释清楚的。几千年的文明发展突然驶向了快车道，起点就在于科学先跟哲学"贵族"道了拜拜，自娱自乐玩了一阵子，继而又跟技术"贫民"玩到了一起，大转折便开始了。换句话说，科学黏上技术才有了完整的科技双倍体，才有了高速发展的可能。就像一套染色体与另一套染色体结合，才有了双倍体的受精卵，才能开始茁壮成长一样。虽然"科技体"在字面含义上对"技术元素"作了延伸，但更要在内容上把"科学元素"补充进去才能清楚地说明问题。鄙人就试着来做点补充说明。

如果把科技看作是一种完整的生物机体，那它理当具备类比生命的基本特性。在我们这颗星球上，一切生物都是能够自我迭代的活性信息系统，而信息来源的基础就在于染色体上携带的DNA基因，自然天条便是如此。科技体之所以活起来，其内部也相当于嵌入了DNA基因，就像动物拥有来自雌雄亲体的两套染色体那样。科技体的一套单倍体来自科学，另一套单倍体来自技术，二者缺一不可。技术单倍体虽说由来已久，但科学单倍体很晚才形成，因而技术单打独斗了数千年也没有发生明显的升级迭代，日复一日年复一年，照明还是用火烛，治病还是靠草药，孙子辈的生活水准跟爷爷们过去几乎无差别。在科学单倍体形成之前，古代以来的自然哲学所包含的科学思想，只能算是磷酸基团、核糖、嘌呤、嘧啶等散在的一些"零件"，它们还组装不成科学单倍体的"整件"链条。但在科学单倍体形成以后，与早已存在的技术单倍体配成了对，科技体的DNA基因就应运而生了。有了这样的双倍体配对结构，科技就开始了自身发育成长的历程，它不断经过"复制—转录—翻译"等特定程序合成千千万万种蛋白质——各种科学理论和技术，这些蛋白质又进一步构成了科技体的细胞、组织和器官，继而形成了日益庞大的科技体系。这样看来，科技体还真像是一个从无到有、从小到大成长起来的生物机体。

科技体问世以后大显身手的活力更体现在，它带着人类结伴而行，从此一道狂奔起来。谁也不曾料到，驶入了高速路的科技体，在短短300年间变戏法似的变出了数不胜数的科技成果，这些成果转化出来的大大小小的科技产品遍布我们每个人周围，使全世界的面貌发生了天翻地覆的改变。谁都能感受到，科技体既能打造出人类社会最大型的科技产品——城市，科技体也能把整个世界打造成"相知无远近"的一个小小村落——地球村，科技体还能打造出脱离实体却充满生机的另类空间——虚拟世界。谁都不会怀疑，照这么折腾下去，在我们这颗星球上，科技体已经没有多少余地玩得更大了。凯文·凯利发问说科技想要什么？想要这，想要那，也许都没错。要让我回答的话，科技进化到当下最想要的，就是出壳。从科技体几百年来的迭代过程中，不难看出这种趋向。

2. 小荷初露尖尖角：科学单倍体

科技这个"双倍体"的出现并不是一蹴而就的，刚开始先是闯过了"二缺一"的难关，让科学单倍体独立起来。虽然技术单倍体古已有之，但在科技体出现之前，科学单倍体的形成却经历了一场"脱胎换骨"般的痛楚。这场变革就是众所周知的科学革命，它发生在1543年的欧洲，革命的旗手就是著名的波兰天文学家哥白尼，革命的挑战性标志就是他创立的日心说。

说是"脱胎换骨"一点没错。古希腊的自然哲学打造出了一些散乱的科学"零件"，众所周知的事实是，我们当今使用的不少科学概念、术语，甚至像阿基米德原理那样的重要发现，都来源于古希腊。但这些早期的科学"零件"并没有自成体系，而是与宗教、哲学等搅和在一起，到后来想抽身而出越来越难。从公元5世纪开始，直到哥白尼时代的一千多年间，欧洲处在罗马天主教会的统治之下，神学教义成为神圣不可侵犯的信条，人们对科学的探索被残酷扼杀，史称"黑暗的中世纪"。在那漫长的年代，天是黑沉沉的天，地是黑沉沉的地，灾难深重的社会几乎停滞不前，愚昧无知的人们远离科学，教会把新的科学知识统统斥为"异端邪说"。

这个时期的科学只是教会恭顺的"婢女"，她只能为神学教义服务，敢有越雷池半步者，统统受到暴力伺候。史上记载的惨案比比皆是，不胜枚举。5世纪早期的女科学家海帕西娅因研究数学，竟被神父们用贝壳剥掉全身皮肤后，投入大火中活活烧死，教会随即宣布数学是"魔鬼的艺术"。在这样的恐怖氛围中，许多对科学知识跃跃欲试的探索者，或被终身监禁，或被扔进大火，或被钉死在十字架上。公元13世纪后，教皇还设立了宗教裁判所，这实际上是一个用神学教义来审判科学知识的法庭，黑白彻底颠倒，是非完全不分。1327年，意大利科学家阿斯科里经过观察，大胆提出"大地是个球形体"，随即被宗教裁判所判令烧死。宗教裁判所为了维护教会的统治可谓无恶不作，豢养了一批刽子手般的宗教裁判官。很多人知道，15世纪西班牙有个臭名昭著的宗教裁判官名叫托马奎马达，在其丑恶的一生中共判处一万多人火刑，平均每天下令烧死一个"异教徒"，暴行令人发指。

　　与此同时，为强化对人们的思想禁锢，宗教神学还衍生出另一个怪胎——经院哲学。其方法就是用抽象、烦琐的推理来论证神学教义，引诱人们沉溺于玄想空谈之中，否定感觉经验的收获。这实际上是封建教会摆下的一个冥顽的神学阵，在这个邪阵面前，人们的行为荒唐到难以置信的程度。神父们可以围绕"一个针尖上能站几个天使"这样无聊的命题写出长篇经文，也可以为"鼹鼠是否有眼睛"而长期争论不休，却没有人亲自抓一只鼹鼠来观察一下，你说是不是荒唐透顶？经院哲学还歪曲利用古希腊天文学家托勒密的地球中心说，宣称地球是上帝特意安排供人类居住的宇宙中心，因而地心说实际成了神圣不可侵犯的天条。教会中的一些"聪明人"把托勒密学说改造成披着科学外衣的神学体系，并用这个烦琐的体系去解释航海、农业生产及日常生活中遇到的种种天文现象，厚颜无耻地胡说八道。

　　欧洲那段千年的黑暗时代，科学单倍体经受着难产的巨大痛苦，像是遭到了邪恶的病毒基因干扰。

　　虽然如此，人们的生产活动仍在沿着惯性缓慢地发展着，到了15世纪下半叶，纺织业的兴起带动手工制造业有了较快发展，托举近代科学现形的"上帝之手"开始出现了。

　　这个"上帝之手"，其实就是生产方式的变革。试想，新生的手工业主、商人们一多起来，谁不想扩大贸易、寻找新的市场呢，这就使远洋航海和探险业应运而生。从意大利的哥伦布、葡萄牙的麦哲伦等人相继远航到达新大陆之后，西欧各国随即开始加大海外贸易和掠夺殖民地，继而刺激着工农业生产迅速发展，各方面迫切需要新的知识、新的技术来为生产服务，靠神学的胡说八道显然行不通了。别的且不说，以被歪曲利用的地心说为指导编制的天体运行表，在远洋航海中与实际观测的结果相去甚远，而远洋航海在当时正蓬勃发展着，不闹革命能行吗？由此可见，近代科学革命以天文学为突破口，在这个时间节点上"揭竿而起"，看似偶然，实则必然。

不仅如此，新兴的土豪阶层在经济上发达了，在政治上必然要求取代教会的统治地位，他们也期待着新的思想武器、新的理论武器，向宗教神学思想体系发起全面进攻。事实上，波及整个欧洲的宗教改革和文艺复兴运动，就是新兴资产阶级急切要求思想大解放的产物，他们要找到新知识向封建教会发难。在这样一种大背景下，近代自然科学便呼之欲出了。恩格斯对这段历史曾经这样评价，"如果说，在中世纪的黑夜之后，科学以意想不到的力量一下子重新兴起，并且以神奇的速度发展起来，那么，我们要把这个奇迹归功于生产"[32]，他说得很有道理。

但是话又说回来，科学单倍体含有无数散在的"零件"，仅仅是天文学一个领域，能够代表整个自然科学吗？不妨继续分解。天文学是一门最古老的科学，在当年靠天吃饭的岁月里，它与人们的生产和生活息息相关，种田靠天、畜牧靠天、航海靠天、观测时间也靠天，一切都要靠天。可以说，天文学的每一个理论观点，都同人们的宇宙观有着直接的联系，而地心说的宇宙观，其实也是宗教神学长期误导人们"靠天吃饭"的理论基础。因此，一旦新的宇宙观出现，就必然要彻底震撼人们的思想，也必然要震撼遍布各地的教堂，震撼全世界的千家万户。所以说，哥白尼天文学作为全新的宇宙观，也就标志着近代自然科学革命的爆发。也正是发端于此，科学一系列散在的"零件"开始组装成独立形态的、日趋完整的单倍体"整件"链条。

　　打造科学单倍体的第一人无疑是哥白尼，他把自然科学从宗教神学的桎梏中解放出来，为后来的科技双倍体找到了不可或缺的另一套配对"染色体"。这位德国血统的波兰科学家，23岁到意大利的博洛尼亚大学留学，在那里他结识了文艺复兴运动的许多学者，对托勒密的地心说体系产生了怀疑，同时他也学到了天文观测的技术和方法。后来，他来到波罗的海边的弗莱堡担任一名牧师，在一所教堂里住了30年。那所大教堂现今还在，假如你去德国旅游顺着莱茵河南下，到达弗莱堡就会找到那所教堂。就在那所教堂的阁楼上哥白尼进行了长达30年的天象观测和研究，你若是登上阁楼身临其境一定会对这位科学革命的旗手肃然起敬。

　　哥白尼从1516年开始撰写《天体运行论》这一不朽巨著，历时10年完成了书稿。然而，由于他的新体系主张日心说和地动说，与教会支持的地心说针锋相对，慑于教会残酷迫害的淫威，书稿迟迟没能公开发表。直到1543年，在朋友们的帮助下，才得以印刷出版。这时哥白尼已经双目失明、奄奄一息，他用无力的双手摸了摸新书的封面，一个小时后便与世长辞了。

　　《天体运行论》共有六卷，宣布了一个崭新学说体系的形成。哥白尼在书中驳斥了地球不动的谬论，明确提出了地球不是宇宙的中心，而是像其他行星一样，在自己的轨道上绕着太阳运行，太阳才是宇宙的中心。他还在书中用三角学原理阐述了天体运行的基本规律，详细论证了太阳、地球、月球和其他行星的运动。这些理论在今天看来并不复杂，每个中学生都可以讲出个子丑寅卯来，但当时的情况与现在不同，他的观点可以说是站在了科学的珠穆朗玛峰上。

　　哥白尼学说的问世就像一把利剑，直刺神学地心说的要害。他所建立的科学宇宙观，不啻震天惊雷，划破了中世纪欧洲上空的黑暗，迎来了文明时代的曙光。然而，宗教神学岂肯轻易就范，他们采取种种残酷的镇压手段，严厉阻挠、打压日心说的传播。罗马教皇很快就宣布《天体运行论》为禁书，不得流传。与此同时，几乎所有的反动势力和受旧观念束缚的人们都反对哥白尼学说，口诛笔伐指责他的观点是歪理邪说。就这样，《天体运行论》这一光辉巨著，主要以手抄本的形式带着遍体鳞伤，在人世间秘密流传了300多年，直到19世纪中叶才得以公开出版而重见天日。

哥白尼和他的日心说

太阳中心说的建立，向宗教神学的地球中心说发起了势不两立的挑战，正式宣告近代自然科学诞生。从那时起，科学才真的开始"脱胎换骨"，走上其艰难、曲折、辉煌的发展历程。我在2007年曾到访过德国弗莱堡，专门去瞻仰了哥白尼生活过的教堂阁楼，同行的几个朋友都是技术控，大家无不感慨，若是历史上没有这位大无畏的勇士擎起革命的大旗，何来自然科学的独立？又怎会有科技体后来打造出的高速交通工具，把我们轻而易举地从中国运送到遥远的德国？

事有凑巧，就在那次德国之行回来不久，我看到了北京大学新出版的一本译著《自然的观念》，其中大段内容涉及哥白尼学说，作者是英国著名历史学家柯林伍德。其实这本书早在半个世纪前就有了，影响面还挺广，中译本也出过，只是我孤陋寡闻不曾听说，这回刚去过哥白尼革命的发源地，才注意到新版的中译本[33]。拿起一读，吓了我一跳。作者柯林伍德认为，哥白尼天文学虽然意义深刻，但无论从哲学上还是历史上，说它颠覆了以地心说为基础的人类中心主义，这是一种普遍的误解，因为之前并不存在这样的宇宙观。作者专门引用古罗马哲学家波埃修《哲学的慰藉》一书中的论述，说是根据托勒密所言，整个地球与宇宙相比不过是一个微小的角落，除去海洋、沼泽和沙漠，可供人类居住的空间连无限小都谈不上，这种见解早在哥白尼之前的一千多年就有了，在欧洲流传已久。因而颠覆人类中心主义不能归功于日心说，也不是哥白尼天文学的本意。柯林伍德的这种观点在科学哲学界是有一定市场的，后来我又注意到，德国哲学家汉斯·布鲁门伯格也持有类似观点[34]，他认为地心说并不意味着人类中心主义，哥白尼学说颠覆人类中心主义的宇宙观实际上是个伪命题，诸多科学史著作中的表述是人云亦云的曲解。大概他们想表达的就是这种意思，应该说这些学者的见解不乏分析的深度。

这里我想简单说的是，从思想史的角度探讨宇宙观的演变当然是有益的，但学术研究得出上述结论，显然忽视了自然科学诞生前后的整个社会背景，因而难以令人信服。至少有两点考虑不够，一是地心说在哥白尼时代居于统治地位，科学思想的生存余地很窄，对绝大多数茫然无知的人们来说，一切天体都围绕着地球而转，根深蒂固的观念由来已久，人类居住的地球就是宇宙的中心，地心说和人类中心主义在普罗大众的头脑里自然而然是绑在一起的，极少数人的清醒思考并不代表当时的主流意识。二是引用中世纪早期著作《哲学的慰藉》为证并不能说明问题，波埃修的书是一部哲学著作，即使有颠覆地心说和人类中心主义的意思在里面，那也是自然哲学家们的天才臆想，而《天体运行论》则是一部建立在大量观测基础上的科学巨著，它的颠覆作用才是具有实证意义的宇宙观变革，与自然哲学不可同日而语，后来的历史也证明了这点。因此，把宇宙中心从地球移往太阳，把地球人"降级"为浩瀚宇宙中一颗普通星球上的人，哥白尼才是首当其冲的实践者，正是他这种卓有成效的开创工作，才把科学从千百年的一团乱麻中有力地拽了出来。今天看来其意义还远非如此，这场科学革命与许多政治大革命一样，远远超出了发动者所预想的程度，实际上指明了人类前进的长远方向。既然地球不是宇宙的中心，人类总不至于永远待在这个小角落里，走出这颗星球便是迟早的事。所以说追根溯源的话，科学的出壳理念最早也来自哥白尼，他堪称鼻祖。

当然，日心说创立之初还经历了其本身的一个完善过程。比如，起初的日心说不能解释"为什么人们感觉不出地球的运动""地球既然自转，为何地球上的物体下落了不偏斜"等问题，而这些问题常常成为旧势力恶意攻击的靶子。在这一过程中，有三位科学家为传播和完善哥白尼学说做出了杰出贡献。第一位是意大利的布鲁诺，这位哥白尼的忠实信徒，在欧洲到处宣讲日心说，同时他还阐述了宇宙无限、世界无数的观念，进一步丰富了哥白尼学说。宗教法庭对他恨之入骨，把他投进大火中活活烧死，他的故事是历史上宗教迫害科学家的典型案例，几乎妇孺皆知。第二位是丹麦科学家第谷·布拉赫，他虽然主观上不愿接受日心说，但却承认"哥白尼把我们从过去烦琐的矛盾中解放出来，而且他的理论更能满足天象"。他边怀疑边坚持细心观测，把上千年星表中的错误一个个纠正过来，在其一生中共对700多个星体做了精确的观测记录，从客观上支持了哥白尼的学说。第三位是德国科学家开普勒，他是哥白尼学说的坚定支持者，同时他又根据第谷·布拉赫的观测结果，发现了著名的"行星运动三定律"。开普勒的巨大贡献多年来为人们津津乐道，2009年NASA发射的太空望远镜就是以他的名字来命名的，开普勒望远镜升空后已发现了2 600多颗系外行星，其中不乏一批或可供人类移居的类地星球，这些发现正激励着当代人去实现星际殖民的出壳梦想。

几乎与哥白尼可以比肩，出手打造科学单倍体的另一个重量级人物就是伽利略。他在整个自然科学界享有奠基人的美誉，没人会说这是名过其实。这位意大利科学家，不但验证并发展了哥白尼的学说，而且还开创了近代物理学中的数学、实验方法。他的科学成就、科学思想，似利刀宝剑，彻底斩除了近代科学前进道路上的种种障碍，把宗教神学的经院哲学体系冲得七零八落、丢盔弃甲。如果说哥白尼是近代科学的揭幕者，那么伽利略则是科学方法的奠基人。甚至可以说，没有伽利略就没有自然科学后来的长足发展，也就没有科学单倍体的"整件"形成，这丝毫不是什么夸张。

伽利略的思想非常活跃，他毕业于意大利的比萨大学，后来在帕多瓦大学担任教授，其一生的境遇可以用8个字概括：建树颇丰，遭遇悲惨。

在天文学方面，他发明了世界上第一架天文望远镜并用于天体观测，取得了大量成果。这些成果包括：发现月球表面凹凸不平，木星有4个卫星，太阳黑子和太阳的自转，金星、木星的盈亏现象及银河系由无数个恒星组成等。他用实验证明了哥白尼的日心学说，于1632年公开出版了《关于托勒密和哥白尼两大世界体系的对话》一书，批驳了宗教神学对哥白尼学说的种种诘难，成为近代科学史上具有里程碑意义的学术著作。教会和神父们对此书惊恐万状，不顾一切地把他关进了大牢里，以为这样就能把科学的幼苗一举掐死。

岂料伽利略"悔罪"出狱后，仍初心不改大搞科学研究，直到后来遭到了终身监禁，依然坚定不移。他一生为科学而奋斗，对着神学教义左冲右突，杀出了近代科学一条条血路。除了天文学之外，伽利略在力学方面的贡献，也是前无古人的。他在教堂看到灯在风中摆动而发现了摆的等时性原理，后人根据这一原理制成了钟表；他发表了"天平""论重力"等论文，第一次揭示了重力、重心问题的实质并给出了准确的数学公式；他以实验方法证明，重量不同的物体下落的速度是一样的，著名的"比萨斜塔实验"说的就是这件事；他对运动基本概念，包括重力、速度、加速度等都做了详尽的研究并给出了严格的数学表达式，为经典力学的创立打下了坚实的基础。这些科学幼苗注定要结出流芳百世的硕果，是任何大牢也禁锢不了的。

作为推动科学"脱胎换骨"的杰出人物，伽利略最突出的贡献在于，他开辟了科学研究方法的崭新时代。他的辉煌业绩所展示出的科学方法，共有四大法宝，这些法宝如今说来很简单，实际上却是科学研究的一块块基石。在此不妨回顾一下，以领略科学单倍体在"整件"成形过程中找到这些"宝石"的意义。

宝石之一：观察。伽利略十分重视对自然现象和现场的观察，他的大量重要发现都是实地观测而得出的结论。正如他自己所说："我不是要人们信服我的话，而是求得大家详察我所做过的事。"他的这番话至今还是指导科学研究的一项重要准则，你阅读的一篇篇科学论文并不是要你相信作者的话，而是要你能重复、详察作者所做过的事，否则那就是鬼话。

宝石之二：实验。伽利略在天文学、力学方面的重大成就，几乎都是通过实验获得的。他在做完自由落体实验后，面对诧异的人们说过这样一句话："在自然科学上，雄辩术是不起作用的。"可别小看了这句话，如今分布在全世界各大学、研究机构里无数的现代化实验室，从源头上说都是伽利略这一思想的产物，要不然科学研究就成了"大忽悠、小喷子"们耍嘴皮的活计。

宝石之三：数学的应用。伽利略的许多理论都经过了严密的数学运算，并给出了相应的数学表达式，令人不得不服。他说过："能工巧匠不能成为科学家，是因为不懂数学。"这话虽然有时代局限性，但现在也依然值得我们深思。事实上离开了缜密严谨的数学思维，很容易让伪科学的"大师"们钻空子，如今"科学算命""电脑测字"之类的把戏仍然大有市场，披着数学的外衣却缺乏严密的数学逻辑推理，人们应该警惕才是。

宝石之四：重现实而不泥古。伽利略一生的许多发现、发明，都与他抛开旧理论、学习同代人的经验有关。古往今来，科学研究绝不是无源之水、无本之木，在继承中创新才是正道，伽利略在这方面也给后人树立了榜样。

用一句话来说，伽利略四大法宝可以概括为：通过观察把自然现象分解为单一因素，再通过实验确立因果关系，而后用数学加以描述提出假说，进一步再经过实验来验证，使之逐步接近自然现象的本质，最终构成特定的科学规律。这一套科学方法，指导着后来一代又一代科学家的研究实践，直到今天。爱因斯坦曾深有感触地说："伽利略所用的科学方法，是人类思想史上最伟大的成就之一，而且标志着物理学的真正开端。"[23]

一个哥白尼的突破口，一套伽利略的新方法，开启了自然科学的新纪元，这是人类在地球上曾发生过的事。历史的经验当然值得注意，我们有理由推测，明天一旦出了壳，科学将面临挺进太空的全新业态，眼下的宇宙观和方法论是否会成为未来的束缚，是否要面临又一次"脱胎换骨"般的科学革命？这事还真得琢磨着。

总而言之，哥白尼-伽利略时期是鸿蒙初辟的开端，独立的科学形态从无到有，散在的科学"零件"组装成了"整件"链条，科学单倍体经历了百折千回的折腾终于现形了。嫩芽初绽惊起了鸳鸯梦，虽然这时候科学与技术依然处于"隔山隔水遥相望"的状态，但技术单倍体已不再孤独，他日结缘配对总算能举首戴目了。这一时期便是科技的1.0时代。

3. 淡泊风前有异香：科技体孕育

在哥白尼-伽利略之后，科技体并没有立刻现形，而是经历了一个孕育期，没有十月怀胎不可能有一朝分娩。这个时期，刚刚独立出来的科学有个自身逐步完善的过程，配子尚未成熟难以跟技术媾合。与此同时，技术按照自己的惯性也在发展着，所不同的是，技术似乎闻到了科学散发出来的求偶气息，明显加快了脚步向科学靠拢。到后来，随着科学配子日趋成熟，二者终于有了些交媾，科技体便慢慢怀出了孕珠。但科学与技术这时候主要还是各自独立地发展着，这是常态。

科学当时的常态发展体现为分门别类地打造，在不同的领域东一榔头西一锤子，敲打出了各门学科最初的雏形。其实，摆脱了宗教神学束缚的自然科学，一开始只靠干巴巴一门天文学科，是有点独木难支的。放开手脚四下一敲打，一个个活力四射的学科帮手就陆续现身了，只待徐徐挺立起来。其中，最早站立起来的学科"大牛"，就是经典力学。

也许是一种天意，就在伽利略逝世的第二年，其事业需要继往开来的关键时刻，牛顿在英国诞生了。这是一位妇孺皆知的科学伟人，他对后世的影响之大、之远，是近代历史上任何科学家都无法比拟的。牛顿在天文学、力学、数学、光学等经典科学理论方面的辉煌成就，建立起了人类历史上前所未有的知识体系。事实上，17世纪的科学大旗由他一手举起，在其后的100多年时间里，牛顿的学说和思想一直牢牢地占据主导地位，影响着整个科学界的发展。特别是他的经典力学所体现出的哲学思想，对包括化学、电学、热学、生物学在内的其他诸多科学理论，都产生了深远影响。2005年，英国皇家学会进行了一场"谁是科学史上最有影响力的人"的广泛民意调查，牛顿位列爱因斯坦之前，排名第一。

牛顿真的很牛，他一手扶起了经典力学这一学科"大牛"。在总结伽利略、开普勒和惠更斯等人工作的基础上集大成，他创立了著名的万有引力定律和物体运动三大定律。在牛顿之前，天文学家已经取得了显赫的成就，但天文学家们一直无法解释"为什么行星会按照一定规律围绕太阳运行"这个难题。不少科学家都进行过认真探索，比如开普勒就认识到，要维持行星沿椭圆轨道运动一定有某种力在起作用，他认为这种力类似磁石吸铁一样。惠更斯在研究摆的运动特点时也发现，保持物体沿圆周轨道运动需要一种向心力。而另一位英国科学家胡克则几乎发现了真谛，他认为是引力在起作用，并试图论证引力与距离的关系，但最终还是没能成功。

当科学的接力棒传到牛顿手中时，他开始大显身手了。牛顿的高明之处在于，他解决了胡克等人没能解决的数学推导问题，终于发现了万有引力。与此同时，牛顿在伽利略等人的基础上，创造性地把"力"和"惯性"这两个最基本的概念，贯穿于力学理论之中，提出了力学三定律。1687年，牛顿出版了《自然哲学的数学原理》一书。在这部划时代的伟大著作中，牛顿从基本概念（质量、运动、惯性、力）和基本定律（运动三定律）入手，运用他发明的微积分数学工具，精确地论证了万有引力定律，从而把经典力学确立为完整而严密的科学理论，这是人类认识自然规律的一次重大飞跃。爱因斯坦认为，牛顿是完整的物理因果关系的创始人，"他之所以成为这样的人物，还有比他的天才所许可的更为重要的东西，那就是因为命运使他处在人类理智的历史转折点上"[23]。

牛顿有一句众人皆知的名言"如果说我看得远，那是因为我站在巨人的肩上"，这句话既是一代科学巨匠的自谦，也是当时情况的真实写照。牛顿的研究领域非常广泛，除了在力学等方面作出卓越贡献之外，他还花了大量精力从事化学研究。他经常废寝忘食、不分昼夜地做化学实验，却几乎没有取得化学方面的研究成果。这是为何？道理显而易见，那就是，各门学科正处在初创阶段，当时的化学别说是"巨人的肩膀"了，就连小矮人的肩膀也找不到，根本就没地方让他踩。他之所以能成为经典力学的掌门人，是因为有哥白尼、伽利略、开普勒、胡克、惠更斯等人的工作基础，科学素材的积累已经到了可以摘果子的成熟时节，凭着他超人的智慧一举揽下硕果便是顺理成章之举。而在化学方面，当时还处在刚起步阶段，花儿未开当然就无果可摘，这也就不足为怪了。

实际上，化学跟其他学科的发展一样，站立起来的时间比经典力学慢了至少一拍，曲曲折折拖的时间也长。当牛顿牛气冲天发现万有引力的时候，化学还沉溺在"炼金术"的泥潭中不能自拔。炼金术认为，各种金属在本质上都是一样的，汞是金属之父，硫是金属之母，贵贱之分就在于汞和硫含量的多少。所以那时候，化学的主要任务就是要把"贱"金属变成金、银等"贵"金属。说到这里，我想起一件事来。有一次我参加广东省材料学研究会的年会，在会上讲到，科学和技术在18世纪下半叶之前一直是分离发展的。会后有一位高分子材料专家找到我说："不对吧，化学是基础科学，炼金术是古老的技术，它们可是早就混在一起了。"这位专家的看法或许有一定代表性，然而值得商榷。其实，化学在18世纪以前混在炼金术中没错，但那不是科学意义上的化学，而是炼金术的另一个名称。准确说来，那会儿化学还没有剥离出来自成一体，这跟许多科学知识卷在早期自然哲学中是一样的道理。

第一个向炼金术发起挑战的人，是英国的波义耳。他主张化学不应该是炼金术的附属品，而应当像力学那样成为一门独立的学科。他在1661年出版的《怀疑派化学家》一书中总结了自己的大量实验研究，认为物质的构造和性质比炼金术描述的要复杂得多，绝不是"汞、硫、盐"所组成，也绝不是"水、土、火、气"几种性状所能概括，化学的任务就是要不断寻找和解释物质的复杂构造。他指出，把砂子和灰碱两种物质融化在一起，可以生成不能再被火分解的透明玻璃，葡萄汁发酵后变成酒精，灰碱和油脂煮过后变成肥皂，这些现象都说明了物质构造的复杂性，进而他提出了化学元素的理论。波义耳这些建立在实验基础上的观点，为化学研究指明了清晰的方向，把化学从炼金术的泥潭里拽了出来。很快，化学就"改邪归正"，转向了研究物质的元素构成。然而事情一波三折，在研究"燃烧"这一最常见的化学现象时，搞来搞去又走进了"燃素论"这个新的迷雾中。子虚乌有的所谓"燃素"，折腾了整个化学界大半个世纪，包括舍勒、普利斯特列等一大批化学家都拼命想找到"燃素"，却遍寻而不见。直到1780年拉瓦锡发表《燃烧通论》一文，毫不客气地对"燃素论"的种种谬误进行了清算，系统地提出了氧化燃烧学说，才彻底拨开了化学界的迷雾。在这一过程中，除了解决这个"卡脖子"的大问题之外，化学领域添枝加叶的事也取得了许多进展，不少化学元素、化合物、化学反应机理被纷纷揭示。经历了跌宕起伏，化学摇摇晃晃，仿佛醒醒醒了似的终于站稳了脚跟。

近朱者赤近墨者黑，近牛者当然也更牛。在物理学的其他领域，或多或少受到力学迅猛崛起的牵拉，相关分支学科在不同程度上也表现出了牛气。动静最大的当属光学，几乎是紧跟着力学"大牛"站立起来的"牛二"，这倒不难理解。研究天体力学要靠光学望远镜，牛顿和惠更斯边琢磨力学边关注着光学研究，亲力亲为推动光学同步发展，前者提出了光的"粒子说"，后者建立了光的"波动说"，两派拥趸谁也不服谁，引发了一场持续几百年的学术纷争，实则是为光学打下了一根根学科桩基。此外，静电学、磁学、流体力学、气体力学、声学等物理学的大多数分支也都一个个傲然现身，奠定了最初的理论基础。

相对而言，生物学的起步势头要弱很多，还处在科学启蒙之后的原始资料积累阶段。这一时期的成就主要是，哈维发现了血液循环规律、林奈确立了动植物的一整套分类方法、布丰提出了早期的生物进化思想。此外，动物解剖、昆虫习性、鸡胚发育过程、肠道寄生虫等方面的研究也都杂七杂八涉猎到。但热闹归热闹，成就却远不如其他学科突出，可以说当时生物学整体上"还躺在摇篮里"，没到吼一声站起来的时候。这点比化学还要糟糕，是什么原因使然？我至今还蝉不知雪，没看到过令人信服的解释。

想来想去，这种失衡可能还是跟牛顿太牛有关。事实上，科学启蒙后的学科分门别类崛起，如雨后春笋般涌现出了各种新发现、新知识，但只有经典力学鹤立鸡群。其他学科不仅蹦跶不到"大牛"的高度，而且大都立足未稳，有些只是伸伸腿动弹几下却站不起来，有的甚至几乎没一点动静，地质学比生物学更糟糕就是一例。由于力学"大牛"登峰造极，左右着科学的整体发展大势，因而其他各领域甘拜下风，用力学理论解释一切自然现象成了时尚。那时候，不用点"力"都不好意思在科学界混，时间一久，"力"的概念不断推而广之，产生了各式各样"力"的学说，诸如"热力""电力""磁力""化合力""生命力"等，不一而足。牛顿本人就宣称过："好多理由，使我产生一种推想，觉得各种现象都与某种'力'有关。"惠更斯也坚决地认为："在真正的哲学里，所有自然现象的原因都应当用力学术语来陈述[23]。"在这种背景下，跟"力"靠得越近的学科自然而然兴起越顺利，而"生命力"本来就是鹦鹉学舌胡诌出来的概念，生物学沿着这样的歪路肯定"找不到北"，就像化学沿着"燃素论"绕了个大弯才回到正道上一样。

与科学的"偏科"发展不同，技术那时候沿着自身的惯性前进，相对比较均衡。各个领域都出现了可圈可点的技术发明，有代表性的实用技术包括：在农业领域，塔尔发明了畜力条播机，范伯格、米克尔发明了脱粒机；在医疗领域，桑克托留斯发明了体温计、脉搏计，莫雷尔发明了止血带，塞维利诺用冰雪作冷冻麻醉剂；在纺织领域，英国人发明了脚踏纺车、织袜机等；在建筑领域，梁、柱及拱形顶的设计制造难题等先后被工匠们攻克；在矿业和冶金领域，捣矿机、熔炼炉等各类实用工具不断得到改进；在机械工程领域，各种水轮、水泵、运输车辆先后问世等，不胜枚举。一些"高端"技术也先后出现，譬如当时的航海时计已达到很高精度，还有计算尺、带齿轮装置的计算机器也相继投入使用等。

要说技术发展上的不均衡，到后来也出现了明显的趋势，手工业领域尤其是制造业技术可谓技压群芳。随着远洋航海的发展，西欧各国海外殖民扩张的规模不断增大，这就为欧洲的工业用品，特别是纺织品、金属制品、枪支、船舶及船舶用品等提供了日益广阔的市场，于是相应的加工制造技术有了快速发展。特别是手工工场出现后，工匠们在工种细分的情况下，对单调的、往复不断的劳动作业日益厌烦，于是大显身手，推动了工具的改革和工艺技术的改进。当时金属加工业发展迅猛，从事一线作业的工匠们发明了各式各样替代人手加工的专门工具，连轧钢机和切割机等设备都捣鼓出来了，同时在采矿、纺织、冶炼等主要的工业领域也都出现了一大批专业化的工具。后来还造出了以卷扬机、碎矿机、熔矿炉等大型设备为基础，与动力水车相结合的技术设备体系。需要注意的是，制造业技术之所以脱颖而出，是生产需要催促出来的，而不是牛顿那样的牛人影响的结果，当然也不是科学理论应用的结果。

这么一说很容易让人联想到蒸汽机，那可是技术领域的"大牛"，而且同样有那么一位牛气冲天的人物叫瓦特，难道他也没受牛顿力学的启发？

没错，蒸汽机往往与瓦特的名字紧密相连，瓦特蒸汽机是那个时期技术发明的巅峰之作，也由此成为第一次技术革命的主要标志。但是，瓦特并不是一名科学家，他在格拉斯哥大学的工作是当仪器修理工，是一位如假包换的工匠，当然他不是一般工匠，而是后来创下了辉煌业绩的伟大发明家。实际上，第一次技术革命从预热到爆发历时100多年，纺织机才是这场革命的火种，蒸汽机则是革命的烈焰。由"珍妮纺车"这一工具机引发的工业革命，加快了蒸汽机这一动力机的发明进程。从时间上看，由法国人巴本发明的第一台蒸汽机出现在1690年，这跟牛顿的《自然哲学的数学原理》几乎同时问世，谁也没受谁影响。这台蒸汽机后来也没经过哪个力学家之手，而是经过了英国军人赛维利、铁匠纽可门、工匠斯米顿等人接力棒似的多年的技术改进，最后由瓦特一举攻克"分离式冷凝器"关键技术，才登上了工业革命大舞台而风靡全球。可以说，蒸汽机的发明历程，就是当时技术独自发展最经典的一个例证。

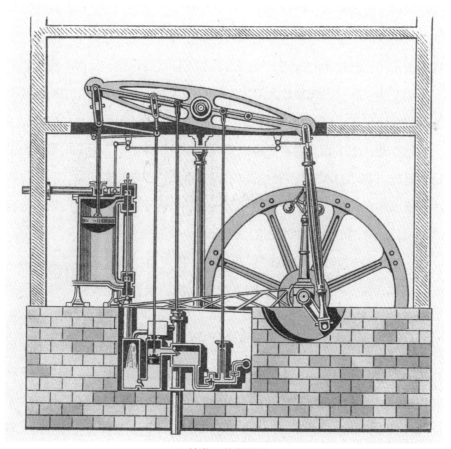

瓦特发明的蒸汽机

　　然而，这个时期科学和技术虽然总体上是各自独立发展着，却也有许多"眉来眼去"的事发生，到后来技术日益向科学靠拢，双方擦出的火花也越来越多，"暗结珠胎"是迟早的事，也是顺理成章的。

　　技术是个老江湖，它从一开始就盯上了初出茅庐的科学，干了不少主动献殷勤的事。这也不难理解，科学研究是需要仪器设备的，这一需求极大促进了科学仪器的发明和使用，这比普通的生产技术要复杂。譬如，詹森发明了复式显微镜，胡克则专门出了一本《显微术》详细介绍用显微镜的观察所得，他还发明了验湿仪、风速计、雨量计，托里拆利则发明了气压计，盖里克发明了抽气机等。这些人都是在从事科研活动时，推进了相关仪器的技术发展。还有些人则是当时著名的仪器制造行家，如英国的格雷厄姆、柏德等人研制出天文象限仪、测微仪，美国机械师戈弗雷发明了地平纬度测量仪，英国的哈里森发明了航海时计等。大量科学仪器的涌现，替代了过去靠人的感官进行观测的传统方法，为科学的发展提供了新的技术手段，这也是那会儿二者关系的一个显著特征。

科学也不完全是闭门造车埋着头发展自己，偶尔，科学理论也会促进实用技术的进步，虽然这种情况并不多。譬如，化学在"迷途知返"过程中客观上增强了医学化学思想，让很多医生认识到生命和疾病也是化学过程，为一些疾病的临床治疗提供了依据。尽管科学在起初是滞后于技术实践的，但后来科学理论的超前作用就日益显现出来了。瓦特在突破蒸汽机的关键技术瓶颈时，一开始设计了多种方案都达不到满意效果，原因就在于他缺乏量热学的科学知识。凑巧的是，量热学的开拓者布莱克教授当时就在格拉斯哥大学任教，关键时刻他给了瓦特一些理论上的指点，这才让瓦特豁然开朗取得了最终成功。

事实上，第一次技术革命也是一个重要的分水岭。在此之前，科学和技术各玩各的，即使在革命过程中，科学面对技术各领域的变革也都是视若无睹，直到最后一刻才勉强在已有的蒸汽机上露了一手。不过，虽然只是"蜻蜓点水"，仅仅体现在单项技术上，却起到了"捅开门缝"的作用，这意味着科技体的雏形开始显露。但这时候的科技体还若隐若现，模糊不清。

牛顿-瓦特的整个时期，科学和技术从各自独立发展，到后来越走越近，这是科技体早期的孕育过程。姑且把这一时期看作是科技的2.0时代。

4. 争来入郭看嘉莲：科技体成形

"它武装了人类，使虚弱无力的双手变得力大无穷，它为机械动力在未来创造奇迹打下了坚实的基础"，这是1819年瓦特逝世的讣告语中对蒸汽机的赞誉之词。那个时候，人们更多感受到的是以蒸汽机为标志的工业革命，推动了生产技术的巨大进步。实际上，这场革命不仅推动了生产力突飞猛进地提高，引发了人类社会面貌的巨变，也开辟了科学技术又一轮发展的崭新道路。别的且不说，蒸汽轮船和火车的速度，一扫世世代代悠闲散漫的气息，科技人员往来、学术信息交流起码要便捷得多了。搞研究的人都是争先恐后抢优先权的，能快则快、能早则早，没人会像过去那样慢腾腾地玩了。进入这样的时代，科学技术注定要沸腾起来。

如果说蒸汽机的发明过程是在缺乏科学帮助的情况下完成的，那么，接下来内燃机的发明、电力的应用则完全不同，那都是在科学理论的指引下进行的，是科技3.0时代的产物。

作为千百年散漫过后沸腾起来的时代，科技3.0与以往不一样的是，它经历了科技体从雏形到成长的悠悠岁月，这个过程三回九转，内容更"烧脑"、更"吸睛"。不但有科技体自身的演化，还涉及它与人类社会各方面的互动。在这一历史时期，除了众所周知的大发现、大发明之外，更主要的特征在于，科技体与人类携起了手，带着人类开始了加速前行的进程。前阵子，科学和技术两情相悦对上了眼，现在不只是顾着自己私奔，而是要带领全家男女老少一起奔上高速路。当然这不是一蹴而就的事，这场震天撼地的举动，最初是从扫清科学道路上的绊脚石开始的。

经历了科学革命和牛顿雄起之后，经典力学的思维方式日益深入人心，科学的各门各派纷纷比葫芦画瓢，试图用力学去解释一切现象，其结果当然是不得要领四处碰壁，这在前面已说到过。然而思维定式一旦形成，很多人不撞南墙不回头，甚至撞得头破血流也照样不回头。法国人拉美特利写的《人是机器》一书便是一例，他把复杂的生命活动全都归结为机械运动过程，骨骼不就是杠杆吗，关节不就是滑轮吗，心脏不就是水泵吗，等等。久而久之，这种静止的、孤立的机械自然观，便成了科技创新道路上的一块绊脚石，不踢掉显然不行。历史确实会有许多惊人的相似，这回的突破口依然来自天文学领域。按照经典力学的解释，整个宇宙的运行似乎已有定论，各天体"动者恒动，静者恒静"，这是"第一推动力"早就布下的局。

率先向这种僵化宇宙观说"不"的，是康德和拉普拉斯，他们不约而同地提出了太阳系起源的星云假说，认为地球和整个太阳系是自身运动变化而来的，这种观点有力撼动了僵化宇宙观和自然观的根基。康德1755年的名著《自然通史和天体论》侧重于哲理和思辨，拉普拉斯1796年的《宇宙体系论》一书则侧重于数学和力学的论述，二者珠联玉映使"康德-拉普拉斯星云假说"被世人所接受，对绊脚石起到了猛力踹动的作用。

踹这么一脚当然还远远不够，扫清绊脚石的事，也不只是围绕着天文学那样的学科打转转。其实在推陈出新的过程中，还有许多"查漏补缺"的事在进行着，更多的新帮手也站出来了。本来一开始分门别类的研究工作就很不均衡，"大牛"光芒四射，有些学科当初连露头的机会都没有，这会儿才到登台亮相的时候。地质学就是个典型，过去那些矿石和岩层之类的玩意没太多人用心琢磨，工业革命带来了市场的扩大，作为一种生产原料的矿物有了越来越大的需求，于是研究采矿业和矿物学一时成了时尚，地质学也就热闹起来了。围绕着岩层和矿石的成因这个基本问题，地质学研究形成了两个针锋相对的阵营。一派人马是以名噪一时的魏尔纳为首的"水成派"，他们认为地壳中所有的岩石和矿物都是在原始海水中形成的。另一派人马则是由一批名不见经传的学术草根组成的"火成派"，他们经过反复的地质考察认为，花岗岩、玄武岩等大量岩石不是水中形成的，而是由地球内部的高温岩浆冷凝而成。这样一来，两派人马各执一词，"水火不相容"闹得不可开交。"地质学之父"赫顿从1768年开始由农学转向地质学研究，成了"火成派"的实际掌门人。历史证明赫顿他们是对的，火成论的基本说法构成了现代地质学的理论基础。不过赫顿一生倒是挺累的，除了跟"水成派"唇枪舌剑争斗之外，后来他还跟居维叶代表的"灾变论"较上了劲，直到心力交瘁离开人世之前，还在猛烈批驳"灾变论"太荒唐。

幸好有赖尔这位出色的学术继承人，赫顿的思想得以发扬光大。其实赖尔跟老前辈赫顿是正宗的苏格兰同乡，在如火如荼的科学大发现时代，他正是受到了赫顿思想的熏陶，才从一名律师转行搞起了地质学研究。赖尔创立的"渐变论"学说，不仅从理论到方法夯实了地质学的根基，而且对达尔文的生物进化论也起到了仙人指路的作用。本来，生物学跟地质学一样远离"力学"，生物进化思想多年来像雨像雾又像风，飘忽不定。从布丰到拉马克都没能完成建立进化论的大业，到了华莱士和达尔文手里，学科之间已有了越来越多的关联交叉，达尔文也像"站在巨人肩膀"上的牛顿那样，敏锐地借助地质学发展的大势，以其高超的智慧和丰富的积累一举竖起了进化论的大旗。虽然，地质学和进化论都出道很晚，但它们的时代影响力却毫不逊色。不管水成火成、灾变渐变，还是生物进化，总之都不是静止的，而是变动的，这无疑又是对绊脚石狠狠踹了几脚。进化论与地质学分属不同的学科，二者却有着千丝万缕的瓜葛，这本身就说明事物之间不是孤立的，而是相互联系的，僵化的自然观已明显跟不上潮流。

前进路上的绊脚石，经不住接二连三的一脚脚扫踹，很快就滚落一边去了。这其中还有几个堪称是"扫堂腿"的重量级研究成果，也都助了一脚之力。细胞学说的提出，在施莱登和施旺的联手努力下，证实植物细胞和动物细胞同出一辙，揭示了生物有机体的统一性。原子、分子学说的创立，经道尔顿和阿伏伽德罗等人的巧妙实验，把物质世界统一的微观结构展示在人们面前。元素周期律，经过迈耶尔、纽兰兹等人的前赴后继，在门捷列夫手上终于大功告成汇于一表，让化学元素的规律性一目了然。这些重要的科学发现，无不揭示出自然界一切事物相互关联的属性，对科技体在前进中成长具有助推器意义。

要说事物之间的相互联系性，这从能量守恒与转化定律的揭示过程看得最清楚。学科之间的交叉关联越来越紧密，这也是科技3.0时代出现的新趋势。尽管蒸汽机把热量转换成动力早已成为现实，但人们对能量的认识还很肤浅，犹如早期的蒸汽机那样简单而笨拙，并没有形成真正的科学理论。直到瓦特蒸汽机问世半个世纪后的1824年，法国青年工程师卡诺才第一次提出了热机工作循环的原理（即著名的"卡诺定理"），奠定了热力学最早的理论基础。接着，能量守恒与转化定律从多个不同的领域被揭示出来，可谓殊途同归。德国医生迈尔从静脉血颜色的变化中，首先发现了食物所含的化学能与热能可以相互转化。英国物理学家焦耳紧接着向前推进，他的"焦耳定律"对电能向热能转化的定量关系作出了精确说明，确定了能量守恒定律的坚实基础。德国的赫姆霍兹更进一步，他严密论证了已知力学的、热学的、电学的、化学的各种运动中的能量转化，以数学方程的形式确立了能量守恒原理。此外，格罗夫、柯尔丁、汤姆逊等人也都从各自角度对能量守恒与转化作了精确的表述。这场群英会式的揭秘表明，科学各门学科之间存在着广泛联系，这为各领域的相互渗透及跨学科研究提供了直接依据，也为能量的更广泛利用铺平了道路。

对于能量守恒与转化定律的重大意义，史上的溢美之词不计其数，大都从其科学价值到哲学意义给予了高度评价。今天站在科技体的角度再来审视，能量守恒与转化定律还有更新的意义，它是科技体宣告成形的一个主要标志。

对人类来说，"邻家有女初长成"的科技体终于可视化了，至少有两点能看得到。第一点，这个定律在理论形态上体现出了科学与技术的一体化，是科学实现技术化的开端。远的不说，能量守恒与转化定律对一切永动机彻底"判了死刑"，这是科学理论与技术实践的一次高度"契合"，对人们的震撼前所未有。要知道，永动机涉及杂七杂八各种技术，自古以来不停地有人在捣鼓，屡战屡败、屡败屡战，这个定律断然宣布"一切皆不可行"，实际上是科学成了技术的代言人，二者的边界已开始拆除。虽然有人无视科技体的存在，后来一直还跃跃欲试要搞永动机，结果只能是一次次劳而无功。第二点，这个定律在科学理论的体系化方面向前迈进了一大步，展示出科技体触角的广泛性。能量守恒与转化定律在过去分门别类研究的基础上，通过能量概念把力学、热学、电磁学、光学等领域的相关知识和技术拢在了一起，从一个剖面让人感受到了科学理论体系日益泛化也日益深化。人们有理由相信，科学能揭示技术领域普遍存在的"热"与"功"之间的关系，也必将为新的技术走向提供指引。

科学理论的体系化，也促进了技术的科学化，使科技体越来越有形。"技术学"这个概念，是由德国人贝克曼于1772年最早提出来的，创立这种"学"的思想，实际上是确立了工程技术在科学体系中的定位，顺应了科技体成形的大势。技术学兴起之初，当时的机械、冶金、化工、建筑等实用的生产技术很快就被纳入了学问研究的范畴，极大地促进了技术系列的研究工作。在这一思想的影响下，机械力学、机械设计、应用化学、工业化学、土木工程、动力工程等专业相继发展起来。这对工业技术的长远发展，尤其是对后来热力学、电磁学技术的应用产生了巨大作用，也昭示出科技体的无限活力。

科技体的这种活力，在内燃机的发明过程中表现得淋漓尽致。过去蒸汽机费了九牛二虎之力捣鼓了近百年，才"千呼万唤始出来"，就是由于缺乏科学理论的帮助，人们总算明白过来了。而且，蒸汽机虽然已经满地跑着，但其存在着"先天"不足，一方面它必须有体积庞大且笨重的锅炉，机动性能差，另一方面它的热能要通过蒸汽介质再转化为机械功，效率低下，这些缺陷这会儿也看得很清楚。

科技3.0时代不同了，有了科学理论的指引，技术创新的实践便有了明确的方向。热力学理论问世以后，制造出一种热效率更高的新动力机的想法很快就出现了，1833年英国人赖特大胆提出一个设想，将"外燃"改为"内燃"，让燃烧膨胀的高压气体直接推动活塞做功，就能实现这种目标。随后，不少人朝着这个方向努力，弄出了各种各样的内燃机方案。到了1860年，法国的勒努瓦终于设计制造出世界上第一台可运转的内燃机，从而有力地证明了内燃机的可行性。继第一台内燃机出现后仅仅两年，法国的德罗沙又公布了他的内燃机构想，第一次提出了四冲程原理，他提出点火前要升压，燃烧后要迅速膨胀到最大膨胀比，以提高热机效率。几乎就在四冲程内燃机提出的同一时间，德国工程师奥托也开始着手研制内燃机，他的"奥托循环机"设计了一套将进气进行分层的装置，大大提高了燃烧效率，成为第一台可以替代蒸汽机的实用内燃机。随后，石油产品成

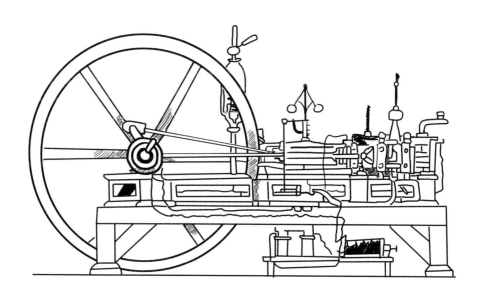

勒努瓦发明的内燃机

为一种可以广泛应用的新燃料，1883年德国的戴姆勒在奥托机的基础上，又研制成功第一台四冲程往复式汽油机，于是内燃机大范围应用开来。这些在科学原理引领下的技术创新，比过去的工匠摸索明显加快。在短短几十年内，内燃机从无到有、从原理到技术、从设计方案到实用推广，走完了一个重大发明的历程，至今还是人类社会不可缺少的主要动力装备。

按照长期以来的说法，蒸汽机的发明是第一次动力革命，内燃机的发明则是第二次动力革命。这种简略的描述流传极广，几乎在任何一本科普书或科学史著作中都可以看到类似的说法，往往都认为显而易见就是这么回事。

从科技体的视角来看，这种浅显的观点貌似有理，实则大大弱化了内燃机的深远历史意义。因为，继蓄力、水车之后，蒸汽机的确是一次具有颠覆意义的动力革命，问题在于蒸汽机同时还被赋予了人类历史上第一次技术革命的丰富含义，在这样耀眼的光环之下，内燃机很容易让人误解为是一项顺势而为的发明，不过就是在蒸汽机基础上又一次动力方面的变革而已。实际情况却不尽然，科技2.0时代发生的第一次技术革命，科学与技术还处在分离状态，工匠们改造纺织机那样的工具机才是革命的源头，本质上改变的是"人类使用工具"的方式。而在科技3.0时代问世的内燃机，科学与技术结合到了一起，革命的源头来自热力学理论，本质上改变的是"人类使用能源"的方式。况且，1859年世界上钻出了第一口油井，内燃机使用了全新的石油燃料才大范围推广在汽车、农机等领域，这跟蒸汽机使用千年传统的木材、煤炭燃料也有质的不同。因此，内燃机具有与蒸汽机同等重要的技术革命意义，而不单单体现在动力的变革方面，更不只是蒸汽机"继承者"的角色。

事实上，内燃机的出现是科技3.0时代的主要象征之一，也是科技体牵手人类加速前进的开始，它跟电力的应用一道，构成了人类历史上第二次技术革命的标志。我在此更多地着墨内燃机，是想替这个由科学理论物化出来的重要成果"打抱不平"，按照科技体的本来面目还原它应有的历史地位。

当然，电力的应用同样是科技3.0时代的主要象征，也不能不接着说。

电力应用作为第二次技术革命的一个标志，这是众所周知的。从1820年丹麦人奥斯特发现电流的磁效应开始，一场电力技术革命便应运而生了。没有人吹响号令，科学原理就是集结号，各路人马纷纷"揭竿而起"，上演了一场群英会的革命大戏。其中，首当其冲的人物当属英国人法拉第，他根据奥斯特定律，仅用一年时间就设计出了一个带有导电回路的圆盘，这是在实验室捣鼓出来的电动机模型。虽然这个装置很简陋，在今天看来属于小儿科了，但它却是世界上所有电动机的祖先，这祖先一出现，儿孙满堂就是时间问题了。继法拉第之后，英国、德国、法国、意大利、美国、丹麦的很多人都投身于电机研制，制造了各种实用的电动机。与此同时，电磁感应原理告诉人们，电能与机械能转换还可以造出相反的装置，也就是发电机。不久，永磁式直流发电机就问世了，接着又出现了永磁铁和电磁铁混合的混激式发电机、自激式发电机、自馈式发电机等，继而全面推动了电能的广泛应用。

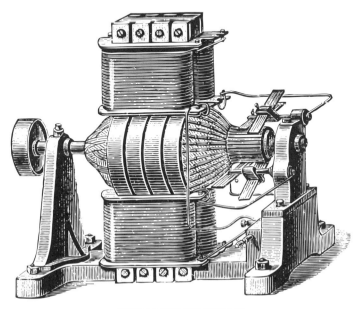

西门子早期发明的发电机

马达轰隆隆一转起来用电量随之急剧增长，工业生产领域到处都像是嗷嗷待哺的孩子等着要奶吃，于是大范围电力输送成为一种迫切的社会需求。但是，使用高压直流电很容易出现绝缘失效、电刷放电、开关漏电等伤人事故，"吃奶"的风险太大了，而且电流升压和降压变换困难，直流供电系统的缺陷日益明显。这时候，塞尔维亚裔美国人特斯拉（没错，马斯克的电动车就是为了纪念这个历史人物）站了出来，他大胆主张用交流电取代直流电，并成功地建造了第一个交流电的电力传输系统。后来，交流电的优点日益显现，从而成为远距离输电的主要方式。随着电力应用的大规模铺开，五花八门的各种电器也在同步创造着，尤其是麦克斯韦创立了系统的电磁学理论之后，以爱迪生、贝尔为代表的一大批发明高手，让人们一天天走进了"楼上楼下，电灯电话"的美好生活中。

科技3.0时代发生的这场新技术革命，让人类世界的整个生产和生活面貌发生了深刻变革，随之兴起的工业化、城市化构成了一种崭新的社会文明。今天我们可以看得很清楚，大城市就是科技体的杰作，是科技体携手人类打造出来的巨型技术产品，而这个大产品的主要特征就是到处充塞着由内燃机驱动的车辆和机器，以及琳琅满目的各种电器，这是有目共睹的事。

与第一次技术革命相比，以内燃机-电力应用为标志的第二次技术革命，除了科学理论对技术创新的指引作用之外，还有一个特点就是，科技体在成长中的波及面越来越宽。一方面，更多的技术领域同步推进。譬如，在化学和生物学理论的引领下，化肥工业也蓬勃兴起，专门的磷肥厂、氮肥厂、钾肥厂一批批建成，推动了农业种植技术的全面提高，同时化学的应用还直接带来了染料技术、制药技术、人工合成材料技术的全面突破，各种化工生产企业如雨后春笋般涌现。另一方面，更多的国家同时参与。第一次技术革命发生的时候，英国是一枝独秀，重要的新机器和新生产方法都是英国首先发明的，其他国家的技术革命要慢一步，大都是跟着英国陆续推进的。而第二次技术革命几乎同时发生在几个先进的资本主义国家，新的技术和发明超出了一国的范围，很多新发明都是在多个国家同步进行的，规模更加广泛，发展也更加迅速。这呈现出了科技体日益活跃的大趋势。

就整个科技3.0时代来看，这一时期最主要的特征就是实现了科技的体制化。所谓体制化，通俗说来就是融入社会主流，从游离在外的状态走进"墙内"去。科技体适应了社会大环境、成为整个社会建制的组成部分，也就相当于紧紧拽住了人类社会的手，这样才具备了带领人类大踏步前进的条件。科技全面实现体制化，这个过程是由19世纪的德国率先完成的。

我以前一直不太明白，当英国、法国轰轰烈烈开展工业革命的时候，近邻的德国还是一个四分五裂、农业人口占了四分之三的贫穷落后之邦，为何这么快就发生了"屌丝"逆袭的事？德国后来居然反超英国和法国，成了欧洲的绝对霸主，还差点把全世界打败了，实在是有点不可思议。这个问题我在大学时代就跟人交流过，后来也听到或看到些说法，还是云里雾里不知所以然。这些年琢磨科技体的事，总算想了个最简单的理解办法，那就是，德国抓住历史机遇最早实现了科技的体制化，科技体的巨大潜力得以在短期内爆发出来，引领德国迅速完成了由弱到强的转变。这样理解倒也符合历史事实，可以回顾一下。

科技3.0时代以前的科学研究活动，大都是一些有钱人的业余爱好，搞的全是"副业"。那年头，根本就没有"科学家"这个说法，如果谁想把搞科研当个职业，那是领不到一分钱工资的。前面提到过，哈维是个医生、拉瓦锡是税务官、富兰克林是政治家等，他们玩科技其实都算是"不务正业"。就连大学那会儿也是绝对的"以教学为中心"传道授业，没人硬要教授们去搞科研，当然啦，你闲得没事搞搞研究也没人拦着，但你要是只搞研究不讲课那就回家去吧。这话听起来好像很邪乎，那英国皇家学会不是明摆着有一大批科学家吗？其实不然，那只是表面现象。千万别把当时的皇家学会理解为我们今天的"科学院"，那里的"科学家"们的真实身份其实都是牧师、商人、医生、教师、政客等，因为大家对科学研究有着共同的爱好和兴趣，茶余饭后在一起切磋、交流、聚会而已。牛顿出名以后一直到去世都担任着皇家学会的会长，但他的真实社会身份却是英国造币厂的厂长。

然而进入18世纪以后，这样的"业余活动"已经越来越难以为继了。别的且不说，光一个"钱"字就够呛。毕竟，开展科研需要大量仪器设备和原材料，从事大规模的科学考察和探险花费就更多，私人掏腰包是很吃力的。于是乎，科学活动逐渐得到了政府或多或少的资助，建立了一些专门的组织机构，有了更多的学术交流，个别科学家可以领到工资了。法国在这方面最早开了个头，法国科学院所需的经费完全由政府买单，而且政府明确要求科学院处理市政、军事、教育、工农业方面的科学问题。但法国的科技体制化只是点了个卯而没有全面展开，科技体的潜力没有得到足够释放。然而就是这种最初的几个动作，也使法国后来居上，在科技3.0时代开始不久很快就赶超了英国，成了科技"一哥"。德国大概是明白了知耻而后勇的道理，也汲取了法国"弯道超车"的经验，自1806年的普法战争失败后，便开始大刀阔斧地进行一系列的社会改革，科技的体制化是他们弄出来的一个亮点。

科技的体制化最早是在大学推进的。1810年，时任德国内务部教育厅厅长洪堡创办了柏林大学，这所别出心裁的大学提出了"教学与科研并重"的办学思想。这在今天看来理当如此，办大学嘛。可是你要知道，欧洲此前的大学全是纯粹的"教学型大学"，大学教授并没有科研任务。有了这种标新立异的指导思想，搞科研就成了大学老师的必要活动，而且慢慢成了一种制度。不仅如此，学生在这样的大学不仅要接受知识，而且要学会探索知识前沿，这实际上把科研训练也纳入了大学教育中。日子一久，柏林大学的体制化科研就见成效了。马克思、爱因斯坦、普朗克、赫兹、玻恩、薛定谔、黑格尔这些名字现在如雷贯耳，但你知道吗，他们全都毕业于或曾任教于这所柏林大学。后来，人们为了纪念创办者洪堡，便把柏林大学改名为柏林洪堡大学。如今，柏林洪堡大学依然是世界著名的百强大学之一，2015—2016年度的排名在第49位。

柏林洪堡大学

柏林大学牛起来以后，科技体制化的热潮很快就波及了德国的其他社会系统。科学史家丹皮尔在研究这段历史时说到，这个时期"学术研究的有系统的组织工作，在德国异常发达，远非他国所及"[35]。的确，一尝到了甜头，德国的科技体制化紧接着又推向了一大批工艺学校，原本为生产服务的技工培训，也修改了课程建起了技术实验室，不仅要传授生产经验技巧，还要开展科学理论培训，这也是德国长期保持着职业教育国际领先地位的起因。体制化最具活力的一项成就，就是科技进入了企业系统。如果说科技在大学的体制化为社会振兴提供了智力基础，在工艺学校的体制化促进了科技体生长的话，那么科技在企业内部的体制化则提供了发展的动力。19世纪的德国要想赶超英法等强国，就必须充分释放科技体的巨大潜力，这就要让科学能有效地转化为技术并推动生产的发展。当时的德国政府和工业界似乎都悟出了这个道道，并在实践中创造了一系列有利于科技体成长的新制度。不妨来看看工业领域的一个实例。

合成染料工业在德国是后起的产业，主要靠模仿英法两国起家。但德国人走的路不是完全模仿而是有所创新，他们的合成染料企业大都是化学专业的大学毕业生自己创建起来的，这与英法两国主要靠"土豪"办厂完全不同。这些化学系出来的毕业生懂得产品研发的重要性，因而很多公司在创建之初就四处招揽化学人才，并跟大学的化学专家积极合作，从而源源不断地带来新的产品、新的工艺。德国染料工业的开拓者霍夫曼就是这样发家的，他不仅是个化学家也是个社会活动家，苯胺、异腈、甲醛等化学产品是他一手发明的，许多化工企业也是由他亲自或经他指导而创建的，他在化学界和工业界两边都能"通吃"，因而他在企业建立的工业实验室能有效满足生产技术的需要，这对合成染料工业的腾飞具有非凡的意义。霍夫曼的实践在当时的德国很有代表性，事实上工业实验室的出现并非偶然。从技术上看，合成染料起源于大学的实验室，是最早以科学研究为基础的工业门类。但在产业化发展过程中，科学研究对技术进步起着越来越大的支撑作用，企业自身也不得不建立相应的研发机构，以增强技术创新的能力。从市场需求看，新产品、新工艺及技术更新换代的压力从一开始就存在，企业为了不断开辟新的市场，必须改进生产效率和产品质量，必须找到新的染料替代已没有利润的旧染料，这就需要进行持续研发。而化学家的发明创造对于企业家来说，就是新财富的源泉，霍夫曼的创举无疑满足了企业内部对于科技的要求，因此从某种意义上来说，霍夫曼是科技在德国企业中实现体制化的一个重要推手。

榜样的力量是无穷的，工业实验室这一模式在合成染料工业中取得的巨大成功，引来了德国其他不少支柱产业的积极仿效，如钢铁、电气等工业部门也纷纷建立了自己所属的实验室，拥有了企业自己的研发人员。这种模式不仅促进了科技与生产的良性互动，有效地解决了长期以来存在的科技与经济"两张皮"的问题，而且还培养出了集科学家、工程师、商人于一身的科技英才，西门子、克虏伯、拜尔等人都是这样"通吃"的新型人才。尤其是西门子电气公司，在创办之初就网罗了阿尔特涅克等一批电机专家，并要求员工接受电磁学知识轮训，办起了一个前所未闻的"产学研"企业。这种焕然一新的变化，正是科技体生机勃勃、带动社会加速发展的时代写照。德国也由此而一跃当上了科技3.0时代全世界的科技新霸主，正如日本著名科技史学家汤浅光朝所说，"这种西门子式的风格正是使近代德国科学技术获得迅速发展的根本原因"[36]。据史料统计，从1851年到1900年的50年间，理论科学和技术科学上的重大成果数量，英国有106项、法国有75项、美国有33项，而德国占到了209项，几乎是前三者之和，领先地位非常明显。德国的这种领先优势，一直延续到20世纪初。

接下来呢，你一定知道又要被美国取而代之了。说到这里要驻足顾望一下，该怎么看这段"此起彼伏"的历史？

我们看到的是，在工业革命之后的短短100多年时间里，世界"龙头老大"的宝座几易其主，从英国到法国，再到德国、美国，迭代速度之快在人类文明史上空前绝后。从这点意义上说，科技3.0时代是人类昨天一路走来最为惊心动魄的时期，展现出的是一幅"大发现、大发明"飞速改变世界格局的历史画卷。这幅改天换地的画卷波澜壮阔，只有站在科技体的视角才能领略到"风景这边独好"，这恐怕是其他史学视角难以诠释的。

假如我们用一套专门的全息显示系统来审视，或许会把科技3.0时代看得更清楚。无论从哪个角度观察，我们都会看到科技体的倩影，虽然它展现出来的姿势各不相同，但有一点我们能够洞察到，那就是这个时期的科学和技术已经珠联璧合成为了一体。由此思维一发散，也很容易想到中国的一句俗话，分久必合合久必分，这难免让人对未来产生一丝担忧或是疑问，好不容易联结起来的科技体，在明天的出壳时代会解体吗？也许真的会一语成谶，这个问题我们接下来要谈到。

5. 映日荷花别样红：科技体壮大

　　成长起来之后的科技体更加神奇，它像个幽灵一样在世界各地游荡，到处撒播智慧和富足。不过，它一直沿袭着自己的套路运作，在不同的历史时期总会让某一个国家脱颖而出，扮演"一哥"的角色。所谓风水轮流转，英国、法国、德国轮番一圈当过老大之后，科技体一不小心又转到了美国。

　　说来美国这个移民国家的底子非常薄，19世纪初跟欧洲大多数国家相比还是远远落后的。但美国的崛起过程来势很猛，丑小鸭一跃变成了白天鹅，令世人刮目相看。谁都知道，美国的迅速崛起缘于紧紧踩着电气化的节奏，抓住第二次技术革命的机遇实现了弯道超车。爱迪生、贝尔等科技精英便是那个时期勇立潮头的代表性人物。仅爱迪生一人发明的五花八门的电器产品，就让美国政府的税收在半个世纪内增加了15亿美元。贝尔也一样，他发明的电话机在1880年的产量就已达4万多部，到1900年猛增到了86万部，带来的经济收益可想而知，想不富起来都难。

　　问题在于，一开始捣鼓电磁的奥斯特、法拉第、麦克斯韦等一大批牛人都在欧洲，怎么一到了要把科技成果变成白花花银子的时候，却让美国人捷足先登了，这不能不让人感到惊奇。

　　要说道理也很简单，科技体经受了体制化的浸礼已显示出强大力量，德国人的实践就是很好的范例，轻装上阵的美国搞点"消化吸收再创新"更有了后发优势。实际上，美国的社会体系受传统的条条框框约束少，这是其他国家不具备的，一张白纸好画最新、最美的图画便是这意思。到19世纪末，美国已从法律、政策、机构、人员等多方面形成了全国性的科技系统，这个体系一建成就显示出美国式的多元化味道，没有哪个单独的系统（包括联邦政府在内）能够起支配作用，各系统内的机构能根据社会需要自主运行，因而很有活力。美国的大学转型也很利索，1876年成立的霍普金斯大学就是仿照德国的大学模式办起来的，它一改英国人培养绅士和牧师为主的学究式办学理念，瞄着产业发展对科技人才的需求，敢为人先办起了研究型大学。在其带动下，包括哈佛大学、耶鲁大学、哥伦比亚大学在内的一批老式高校纷纷转型、仿效，从而为美国工业界培养了一批批适应性较强的科技人才。

企业的技术创新主体作用，在美国崛起过程中更是发挥得淋漓尽致，最让人不可思议的便是汽车工业奇妙的逆袭。人人都晓得，内燃机从原理到实物都是欧洲人的杰作，汽车也是欧洲人最早弄出来的，世界上第一辆汽车是奔驰公司创始人本茨在1886年发明的，但汽车的大规模普及却是紧随其后的美国人先做到的。福特作为举世公认的"汽车大王"并非浪得虚名，他对现代汽车工业的发展起码在两个方面做出了不可磨灭的贡献，一是他发明的T型车使汽车实现了平民化，进而走进了千家万户，二是他独创的汽车流水线影响了全世界的工业生产方式。美国人后来居上而成为世界新霸主，这从汽车工业的发展也可见一斑。

福特流水生产线

按说本茨也是当年的牛人一个，以他过人的智商怎会轻易让"输在起跑线上"好几年的福特实现弯道超车？汽车可是一项划时代的技术发明，鼻祖人物一上来就让后起之秀抢了大风头，在本茨身上发生这种令人大跌眼镜的事，恐怕不能简单从表面上归结为福特更牛。背后深层次的原因则是美国的科技体制更具活力，整个社会系统对重大技术的研发和推广形成了高效互动的合力，顺应了科技体迅速壮大的趋势。事实上，谁顺应了科技体这种新的走向，谁就会从它那里得到更大的恩惠。"顺我者昌"紧接着还有更出彩的表现，1903年美国莱特兄弟率先研制出了飞机，一举开启了人类的航空时代。

人类的身躯没有进化出飞翔的功能，却自古以来有着翱翔天空的梦想。飞机的问世在人类发展史上具有重要的里程碑意义，是科技体赏赐给人类的新功能，也是科技体自身开始壮大的一个重要象征。

对于科技体的日益壮大，一些有识之士当年就感受到了。"创新理论"的提出者熊彼特就是其中一个，他在1912年的英文版《经济发展理论》一书中分析了18世纪后科技创新的浪潮起伏，认为"创新"是资本主义经济增长和发展的动力。后来的所谓"新熊彼特主义"和"泛熊彼特主义"进一步发展了创新理论，以至于到了21世纪的今天，人们一谈到发展动力每言必称"科技创新"。在经济学家们眼里，创新被认为是各创新主体及创新要素交互作用下的一种复杂的"涌现"现象，是创新生态下技术进步与应用共同演进的产物[37]。经济学语境下的创新概念弯弯绕让人一头雾水，其实指的就是科技体的活动，科技体形成以后便有了携手人类加速前进的能力，无须用"涌现"等复杂的概念就很容易理解。熊彼特当初的感受其实就来源于他所处的时代，那会儿科技体正在开始壮大，走进了科技4.0时代，一直持续到二战之后的冷战降临。

科技体壮大还有个很明显的外在表现就是，科学家日益成了社会上一种香饽饽职业，投身于科技的人越来越多。搞点科学研究不仅能解决温饱问题，而且能过上小康日子，比做工开店挣钱要容易，愿意干的人当然就多起来了。然而这样的理解却很肤浅，"唯钱是图"并不是科技体的特点反映。与社会的其他职业相比较而言，科学家有其很特殊的一面，搞科研的动力不仅仅是为了获得一份劳动报酬，甚至可以说主要不是为了挣点工资养家糊口。别谈钱，谁谈钱跟谁急，那么科学劳动图个什么？这正是问题的关键。其实，对科学家们来说，除了有相应的经济收入之外，更多的科研动力来自个人爱好、个人智力、同行承认、社会认可、获得荣誉等。简而言之可以概括为一句话，"名"大于"利"。你可别不信，这样的事至今在普通科研人员身上还随处可见，许多人自掏腰包付版面费、审稿费就为了发表一篇辛辛苦苦弄出来的研究论文，这跟学术不端是两码事，也不是中国独有，而是国际上多数学术刊物共有的现象。再看看那些个知名的科学家，很多人得了丰厚的科学奖金随手就捐了出去或用于继续搞研究，这就是一种科学精神。当然，这种科学精神既是科学职业内在的气质，也是科技体壮大过程中与社会互动产生的激励机制。

诺贝尔正是敏锐察觉到了科技体壮大的趋势，才会在临终前给科技4.0时代刚燃起的科技之火浇上一大桶油。众所周知，诺贝尔奖自1901年设立以来，已成为全世界影响力最广、荣誉最高的科学大奖，而且在其引领下，100多年来全世界的科学奖励制度逐渐形成了一个庞大的体系，这本身也反映出科技体的日益壮大。正如科学社会学家默顿所说，"像其他体制一样，科学体制也发展出了一种给那些实现了其规范要求的人颁发奖励的经过精心设计的制度"[38]。诺贝尔本人是一位杰出的发明家和企业家，他一生共获得技术专利355项，其中以硝化甘油炸药的发明最为闻名，也因此积攒了巨额财富。他之所以慷慨出资设立科学大奖，除了他大爱无私的品格之外，还真是受到了科技体时代气息的影响。

很多人都注意到了，诺贝尔奖以奖励"科学发现"为宗旨，而不是他自己擅长的技术发明，你就是发明了航天飞机、火星着陆器这种震惊世界的高技术产品也休想拿到他的奖，这是有原因的。诺贝尔一生读书并不多，大概相当于如今的中学文化水平，所以他并没有很深厚的科学理论功底。晚年他深刻认识到了科学理论知识的重要性，当年他在发明和改进炸药的过程中，由于缺乏科学理论的指导，花费了很多精力，并付出了炸死弟弟的沉重代价。因而诺贝尔设奖的目的就是要鼓励科学发现，让科学理论为技术应用作先导，让科技体更有源头活力。100多年来的事实已经证明，诺贝尔设立的这个奖项符合科技体壮大的历史潮流，是有长久生命力的。我们现在依然有许多人不明白这个道理，动不动就宣称什么新时期的"几大发明"如何厉害了，如何震撼世界，殊不知这种缺乏科技体常识的妄自尊大实在是舍本逐末之举。

并非每个科学家都具有诺贝尔的先见之明。科技4.0时代刚开始的时候，大多数人都没料到，对人类的知识更有颠覆意义的新一轮科学发现即将到来。那是因为，经过了19世纪的快速发展，科技体在方方面面的成就不可谓不辉煌，尤其是物理学领域战果卓著，从科学理论到技术应用大有气吞山河之势。这让整个科学界产生了一种错觉，认为物理学差不多已接近顶峰了，理论体系趋于完善，基本问题大都得到了解决，重大应用也已全面铺开，剩下的工作就是把物理常数测得更准确些，把技术应用弄得更具体些，再想搞出什么大名堂是不可能的了。1899年12月31日是世纪之交的最后一天，英国物理学家汤姆生爵士在千禧年祝词中就说到，"物理大厦已经落成，剩下的事只是一些修饰工作"。他的看法在那时很有代表性。然而，就在人们陶醉于"尽善尽美"的境界时，著名的"以太漂移实验"和"黑体辐射实验"却搅得科学界不得安宁，这两个人尽皆知的"失败实验"传播的却是正能量，它们表明物理学远没有达到尽善尽美的程度，这也预示着一场科学理论的新革命就要爆发了。

伦琴发现X射线先是引起了一阵轰动，紧接着贝克勒尔和居里夫人又先后发现了放射性元素，这下子更让人震撼了，可见物理学要干的事还多着呢。最有力地撼动经典物理学大厦的"世纪伟人"，无疑首推爱因斯坦，他创立的狭义相对论和广义相对论，彻底推翻了传统的时空观和宇宙观，仿佛是在物理学坚硬的头壳上砸开了一个新脑洞，让全人类旧脑壳里的惯性思维一下子跟都跟不上来。莫说是普通公众了，就连当时大多数一流的物理学家也无所适从，讽刺挖苦者大有人在，其中还包括相对论思想的一些先驱人物。我曾听到过这样的故事。2010年恰逢中国与瑞士建交60周年，伯尔尼历史博物馆不远万里把一个大型的"爱因斯坦展览"搬到了中国，先后在北京、广州、香港等地巡回展出，吸引了成千上万的公众前往观看。那个展览包括了有关爱因斯坦的大量珍贵的文字史料、影像图片及实物，可谓应有尽有，让人大饱眼福。我在广州近水楼台，主持了开展仪式并接待了伯尔尼历史博物馆的Jacob馆长，参观中给我印象较深的一个花絮是，风趣健谈的Jacob馆长指着一张爱因斯坦的离婚判决书说："这可不是件好事，让爱因斯坦烦恼了一阵，但也是好事，他接着娶个更漂亮的姑娘就不烦恼了。"周围笑声未落，Jacob接着又介绍说："其实爱因斯坦一生中有三件事最让他烦恼，除了原子弹一直让他感到内疚以外，另外两件事都跟相对论有关，一次是狭义相对论提出来以后，著名物理学家迈克尔逊曾当面指斥他的理论是捡来的'垃圾'，两个人不欢而散后来再也没见过面。还有一次就是广义相对论问世不久，一向宽厚的老前辈人物洛伦兹说他狂得不可理喻，作为小字辈的爱因斯坦为此曾难受了很长一段时间。"Jacob说的情况应该符合当时的实际，谁乍一听到相对论的第一反应都跟听天书一样莫名其妙，即使到了今天，真正弄懂相对论的人还是极少数，像鄙人这样的略知皮毛者是大多数。但科学理论并不要求人人弄懂才是真理，特别是相对论这样远离人类常规思维的深奥理论。

引力和广义相对论（扭曲时空的地球和太阳）

　　无独有偶，量子力学也是同一时期冒出来的深奥理论，其晦涩难懂举世公认，较之相对论有过之而无不及。普朗克、玻尔、德布罗意、薛定谔、玻恩、海森堡、泡利、狄拉克这些旷世奇才，一个个都集中在科技4.0时代现身物理学大舞台，像是量子力学界牛人的一次"寒武纪大爆发"。他们各怀绝技联袂出手，跟爱因斯坦一样，干出了"从头重建物理学"[39]的惊世之举。无论是相对论还是量子力学，其理论的极大超前性远非过去所能比，人类的科学探索和技术应用由此开辟了一眼望不到头的新方向，这也是科技体在4.0时代表现出来的一个显著特征。

　　爱因斯坦的广义相对论问世没几年，就被日全食的星光偏转、行星近日点进动等观测实验证明了其真理性，但广义相对论的许多预测似乎"永远在路上"。2015年9月14日，美国LIGO探测器成功地捕捉到了两个黑洞相互碰撞发出的强大引力波，这是人类第一次直接探测到引力波，时隔整整100年才终于证实了爱因斯坦当年说过的话。而广义相对论关于黑洞的许多预言，如虫洞、时光穿越、曲率引擎、多维时空等至今还吊着人们的胃口，连验证办法都没找到，更谈不上技术应用了。量子力学也一样，百年来理论高悬却难以落地生根，虽说在核物理技术、材料科学、电子通信、激光、磁共振成像等方面多有涉及，但仍都属于轻触皮毛的"小打小闹"，好比是热力学理论用于打造自动步枪而不是内燃机。2017年6月15日的*Science*杂志以封面论文形式，报道了中国"墨子号"量子通信卫星首次实现上千公里量子纠缠的消息，这是潘建伟院士团队试验"鬼魅似的远距离作用"取得的重要成果，科学家们好不容易才往落地的主流方向靠近了一大步。至于多年前早就提出的量子计算机、平行宇宙之类的概念，至今仍不比科幻高明多少。

黑洞和引力波

其实在一些科幻作品中，也能反映出科技4.0时代科技体的这一特征，科学理论远远超前是很明显的。科幻作家刘慈欣的小说《三体》之所以会受到热捧，并不在于文学价值而在于其科学性。《三体》的确是一部够"硬"的科幻作品，书中很多像"水滴"那样的技术虽说是作者的大胆想象，却都能在科学原理上找到出处。然而我也注意到，刘慈欣笔下的科幻技术所依据的原理大都是科技4.0时代问世的科学理论。这一方面说明，在那个年代发现的原理到《三体》成书的21世纪仍有技术想象的丰富空间；

另一方面也表明，从那以后的基础研究似乎动静越来越小，缺乏震撼人心的科学新发现。

正因为这样，最近几年有人提出了"大停滞"的说法，认为现代基础科学已经停滞了70年，科技几乎全部枯竭了，这是导致全球经济不景气的根源[40]。从科技体的角度来看，说现在基础科学已进入"高原地带"快要窒息了，这是很有道理的，至少物理学的"触顶"现象非常明显。但也要看到，科技全部枯竭还没到时候，实际上科技4.0时代提出的物理学新理论很超前，让技术应用的消化过程至今仍有一定的余地，AI研究、5G通信等目前盛极一时便是明证。何况，学科发展并不平衡，即使物理学先"触顶"，生物学这样的"后起之秀"也还要攀爬一阵子才可能见顶，要不然也不会有克隆羊、克隆猴那些"奇葩"的问世。尽管如此，却不能坐等"触顶"的一天到来。

我们还是接着说科技4.0时代的情况。事实上，这个时期的科技体取得了无数可圈可点的成就，体量的壮大是显而易见的，举几例观之。摩尔根的研究完成了遗传三大定律的收官之作，为生物学向纵深进军奠定了基础；海尔的大口径反射望远镜和格雷博的射电望远镜，为天文学观测提供了新的利器；泽尔尼克的"位相反衬法"显微镜和鲁斯卡的电子显微镜，大大延伸了人类在微观领域的观察视野；电视机从先驱尼普科夫简陋的圆盘开始，经过贝尔德和法恩沃斯等人的技术创造，成为风靡全球的时尚宠儿，极大地丰富了人们的生活；弗莱明发现的青霉素，开辟了人类医治感染性疾病的新纪元；还有许许多多不起眼的小发现小发明，也从各个方面改善了生产和生活。在此我想特别提一下，橡胶、塑料和尼龙在很多人看来或许不算是耀眼的科技产品，实际上却有着秤砣虽小压千斤的意义。原因很简单，这些材料过去在自然界里并不存在，此前全世界几乎所有的物品都是笨重的铁器、石器和木器，假如没有这些人造材料，压根就不会有今天琳琅满目、简洁实用的各种器物，生活世界也就不会这么便捷。科技体在携手人类加速前进的过程中，对人们的关怀可谓无微不至。

然而科技体并不总是择善而行，科技4.0时代的科技体卷入了人类历史上仅有的两场世界大战，在战争妖魔的裹挟下一度"疯长"几近失控，这更是科技4.0时代独有的景象。两次世界大战既是文明的大破坏，也是科技体的大检阅。战争中，无烟火药、高爆炸药、毒气弹、导弹、潜艇、坦克、雷达等竞相登场，科技体几乎把所有的看家本领都用在了军事上。许多新技术、新装备还没定型，就提前进入了使用阶段，大大缩短了科技产品从实验室到实际应用的时间，其中最典型的就是飞机。莱特兄弟刚发明出来的飞机还没打磨成熟，"一战"爆发的第二年就被用到了战场上进行空中侦察。后来，随着飞机性能的不断改进，与之配套的空中作战、对地轰炸武器及专门的瞄准装置等，便一个接一个快速出炉。"二战"前后，飞机的发展更是进入了一条超快车道，希特勒一上台就疯狂备战，德国在战争爆发前就已经拥有了一支包括4 000多架飞机在内的强大空军。"二战"进行过程中，德军更是狂为乱道，把正处在试验阶段、原本打算用于探索太空的液体火箭改制成了V1型、V2型导弹，好端端的新技术没有先造福人类，反而是祸害人类在先。德意日法西斯甚至丧尽天良，在战争中拿活人做实验来研究军事医学、研制生化武器，德国军医把战俘活生生砍伤做外科试验，日军研制细菌武器的731部队更是臭名昭著，这些"研究"是对科技体的"强暴"，是对全人类犯下的滔天罪行。

世界大战催生了数不清的"黑科技"（那可是真的"黑"），其中最骇人的杀器非原子弹莫属，至今还是悬在人类头顶上的一柄"达摩克利斯之剑"。这种畸形化壮大不是科技体的错，也不是卷入战争的物理学家、化学家的错，而是战争妖魔的错。我们绝不愿看到人类在出壳前夕再发生新的世界大战，更不希望轮到生物学助纣为虐唱主角，当今全世界的生物学家们要高度警觉，决不能让科技体再度失控。

科技4.0时代科学理论的远远超前现象确实耐人寻味，这就不得不谈到前面所说"分久必合，合久必分"的疑问。现在人们注意到的是"大停滞"趋势，出壳时代冲破了"天花板"的束缚，则可能重现科学理论的超前现象，甚至会远远超前。科技体本来就是科学与技术结合而成的双倍体，在出壳进入太空纵深以后，科学有可能受到新的"以太漂移实验"刺激而更加超前发展，形成一种近乎"玄学"一样的理论形态而远离技术，进而吸引更多精英乐此不疲地把"玄学"越推越远。地球上积累多年的原有科学理论，或许就像古代散在的科学思想那样难以指导出壳以后所需的技术。到那时候，技术既跟不上"玄学"步伐又缺乏近身的理论引领，科技体实际上就会慢慢解体，技术独自缓慢发展的历史或将在太空重演。也许贝索斯想得更远，他说未来太空将出现1 000个"爱因斯坦"。从人类出壳发展的长远利益来说这当然需要，但在出壳时代的早期，人们或许更需要1 000个"牛顿"和1 000个"法拉第"。

除了科学理论超前之外，科技4.0时代另一个显著特征则是创造了所谓的"大科技"模式，"曼哈顿工程"便是大科技最典型的范例。这样的描述最早出自科学社会学家普赖斯提出的"小科学、大科学"概念[41]，他认为第二次世界大战以前的科学研究都属于小科学，从原子弹研制开始则进入了大科学时代。普赖斯眼里的"曼哈顿工程"跟以往的科学研究不同之处表现在研究目标宏大、需要巨额投资、多学科领域交叉、参与人数众多、实验设备昂贵复杂等，这实际上是科技体演化出来的一种"大型"组织方式。这种模式在"二战"以后被各国普遍采用，我国的两弹一星、合成牛胰岛素、青蒿素抗疟疾研究、杂交水稻培育及近年来的南极科考、FAST（five hundred meter aperture spherical telescope，500米口径球面射电望远镜）天文望远镜项目等，都属于这样的大科技。随着科技体的不断壮大，一些大科技项目甚至超出了一国承受能力而需要国际间广泛参与，譬如国际空间站计划、人类基因组计划、全球气候变化研究、欧洲大型强子对撞机计划、双子星座望远镜计划等，都离不开多个国家协同作战。大科技模式下的大兵团联合攻关，需要有更多的奥本海默、钱学森、袁隆平、南仁东这样的科学帅才和战略领军人物出现。但最近有一种论调出现在中国科技界，声称"科学研究不是带兵打仗，不需要什么领军人物"，这种偏激的观点显然还是小科学思维。

就科技体成长壮大的历程来看，把科技活动简单划分为"小"和"大"还远远不够，把"二战"当作唯一的时间节点也难以反映全貌。事实上，科技体形成之初主要靠科学家的单打独斗，个体户式的探索活动的确很"小"，满足个人的好奇心是那时主要的动力。但在科技实现体制化以后，大学、企业、研究机构有组织的科研活动成了主流，这种"不大不小"的模式已经跟个人探索有了本质上的区别，而且很快就成了科技体最主要的社会表现形式。大科技是解决大问题的产物，它的巨大功利目的就像造原子弹那样直接而明确，但这不是从"小"一步蹦到"大"的，而且大科技并不能替代中间"不大不小"的科技。甚至小科技也依然有继续存在的意义，像鳄鱼的咬合力有多大、昆虫是怎样在水面上行走的、菠菜探测爆炸物之类的研究，往往是来自个人兴趣。

然而事物的两面性在这个问题上可能被长期忽视了，我们在为科技体壮大而欢欣鼓舞的时候，却很少注意到小科技在这一过程中受到的限制越来越明显，个人自由探索的空间日益被压缩，这并不是件好事。我听到过一些高校的老师抱怨说："现在搞科研都要围着已设定的这个'科技计划'那个'项目指南'而转，自己凭兴趣琢磨出来的课题别说大钱申请不到就连小钱也难弄来。政府的科学基金本应鼓励基础科学的自由探索，却也要搞出个详细的指南，把脑袋框住了还探索什么？若是当年都像这样弄个指南，那框框以外的相对论、量子力学从何而来？"这些话是小科技发出的微弱呼声，却也引人深思。能做到"不忘初心"当然好，科学原本就起源于人类的好奇心，科技体无论怎样壮大都应该给科学家个人的好奇心留足余地，哪怕他的想法远离当时的科学主流，甚至荒诞不经。问题在于"初心"还能坚持多久？如果要给当代科技体画张图，那是一个"橄榄型"的外观，两头小中间大，"不大不小"的科技构成了中间的主体部分。然而一旦进入出壳时代，科技体围绕着出壳而转是必然的，大科技那一头无疑将迅速膨胀，甚至会出现跨星际研究的超大科技。到那时，"不大不小"的科技将会被膨胀起来的大科技所吸附，一切有组织的科研都会面向太空无底洞般的巨大需求而开展，小科技恐怕难逃"回家单干"的命运。

6. 荷枝来年出水央：科技体发威

"二战"结束并不意味着科技体随之停摆，它摆脱了妖魔的裹挟，却借着战争催促出来的高速度，带领人类掀起了新一轮汹涌澎湃的发展大潮。这波持续上扬的"行情"，从消化战争中积攒的科技存量起步，到引发第三次技术革命，再到逐步释放新技术革命的红利，这个连续的过程势如破竹，一气呵成走到了今天。这就是科技5.0时代，我们现在依然处在这个时代。

科技体壮大后独有的生命活力，在"二战"一结束便得到充分显现，这是前所未有的。任何战争都具有极大的破坏作用，医治战争创伤向来要花很长时间，战争让社会倒退多年甚至一蹶不振是历史常识，何况是史上最大规模的战争。

但这回还真不一样，元气虽然大伤，百废复兴的速度却很快。各国在恢复生产、发展经济的过程中顺势而为，利用战争期间研发的新技术实现"军转民"，取得了快捷的振兴成效。最典型的例子就是核能的利用为原子弹技术提供了用武之地，1951年美国率先建造出以发电为目标的增殖反应堆，开启了核能发电的新历史，1954年苏联第一座核电厂建成并首次成功实现了向电网送电，接着英、法等国也相继建成了核电站。再如，战时发展起来的雷达技术，在继续创新的同时也迅速向民用领域挺进，气象预报、资源探测、天体研究、民航业导航等都用上了雷达新技术。就连战争指挥中发展起来的军事运筹学，也在战后用到了工业生产、交通运输、工程建设等方面。二战后诸如此类的军转民技术不胜枚举，成了经济复苏的强大引擎，以至于德国和日本这两个最大的战败国也很快从废墟中爬了起来。除了消化转型，新领域的研发活动也乘势迅速推进着，在战后短短十年间就取得了累累硕果。在基础科学研究方面，趁着核物理学发展的强劲东风，基本粒子、宇宙射线、天体演化、化学反应、电子运动、生物大分子研究等领域捷报频传，方方面面都有新的发现。在应用技术方面，半导体材料、遥感技术、石油化工、喷气客机、机械制造、抗生素、仪器仪表研制等遍地开花，一项项新发明如雨后春笋般涌现出来，给人们的生产和生活带来了日新月异的变化。

就人类的出壳发展而言，战后最有意义的一项技术转化当属卫星上天，这标志着人类航天新纪元的开启。

作为战利品，美国和苏联在战争结束时都从德国人手里缴获了V-2导弹技术，美国俘获了以布劳恩为首的130多名火箭专家，苏联则运回了一批未及发射的液体燃料火箭，由此拉开了太空竞赛的序幕。1957年10月4日，在"航天之父"科罗廖夫带领下，苏联在拜克努尔发射场用一枚三级火箭成功地将第一颗人造地球卫星"伴侣号"送入了太空轨道。这颗卫星看上去很简陋，却是第一个被人类送进太空的航天器。时隔几个月，苏联又发射了"卫星2号"，成功地将一条名为"莱伊卡"的小狗送入了太空，全世界为之轰动。美国紧随其后，也在1958年1月31日成功发射了自己的第一颗卫星。此后，太空探索日益频繁，越来越多的国家参加到航天活动中来。继苏联和美国之后，法国、日本、中国、英国、欧洲宇航局、印度等在20世纪60年代中期至70年代初相继用自行研制的运载火箭成功地发射了各自的第一颗人造卫星，20世纪主要航天国家的格局就此形成。苏联在航天领域先拔头筹，这跟科罗廖夫这位传奇式的航天掌舵人紧密相关，他一生领导其航天团队创造了多项世界第一，包括第一颗人造卫星、第一艘载人飞船、第一个月球探测器、第一个金星探测器、第一个火星探测器、第一次太空行走等。加入了美国国籍的布劳恩也是航天设计的顶级高手，他为美国后来在航天领域赶超苏联出了大力，抢先登月就是他的杰作。中国则是奋起直追，进入21世纪以来已取得了非凡的航天成就，到2019年又传来了嫦娥四号成功登陆月球背面的消息，这也是人类航天史上的第一次。科技5.0时代太空探索的这些业绩，无不意味着人类在朝着出壳方向一步步迈进。

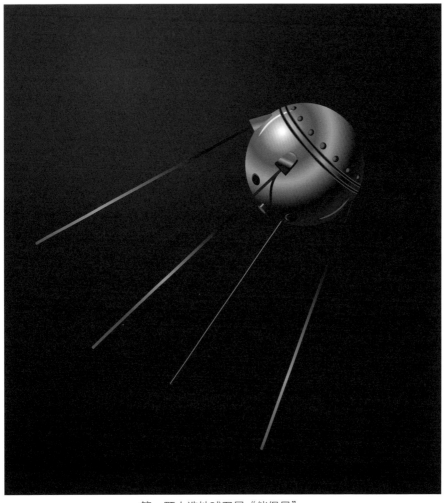

第一颗人造地球卫星"伴侣号"

　　科技存量在战后带来的技术兴盛，展现出了许多像航天领域那样"成块""成片"的综合应用，这是有目共睹的。相对来说，基础科学的发展"零打碎敲"显得有点单薄，添枝加叶见得多，新栽树干见得少，这也是科技5.0时代以来的一个事实。虽然衰弱的趋势日益明显，却也不是一无建树。实际上，揭示DNA双螺旋结构并由此带来生命科学一片辉煌，便是基础科学一项很耀眼的成就，也是达尔文以来最重大的生物学发现。"二战"结束前的1944年，量子力学奠基人之一薛定谔在英国出版了一本题为《生命是什么？——活细胞物理观》的小册子[42]。这本书起到的"煽风点火"作用很明显，直接唤起了人们用物理学方法去探索基因结构的激情，后来沃森和克里克都坦承是读了这本书才盯上了这行，用X线拍摄DNA衍射图的富兰克林和威尔金斯也都表示受了该书的影响。1953年4月25日，这天本来是个很平常的日子，却因为*Nature*杂志上一篇只有一页篇幅的短文而变得意义非凡。沃森和克里克在这篇短文中宣布，他俩发现了DNA的双螺旋结构。遗传基因的神秘面纱终于揭开，生命科学的领地骤然间城门洞开。

　　生物技术的应用随之迅速铺开，在优质农作物培育、畜牧品种改良、人类疾病研究、诊断治疗、药物筛选及生态保护等各领域全面开花，不仅成为全球高技术研究持续多年的一片热区，而且不断对社会思想形成一波波的冲击。1962年英国生物学家戈德宣布，他用胚胎细胞的核移植技术，成功培育出了非洲爪蟾的蝌蚪，第一次实现了动物胚胎的无性繁殖。随后，在重组DNA技术的推动下，无性繁殖的鲤鱼、老鼠、山羊、奶牛等纷纷出笼。到了1978年，更让世人震撼的是，人类历史上第一例试管婴儿路易斯在英国呱呱坠地。这一轰动性事件就像一支兴奋剂，刺激着业界掀起了更高的生物技术研究热潮。1997年英国又宣布，威尔穆特领导的研究小组成功培育出了世界上第一只体细胞克隆羊"多莉"，消息一出举世皆惊，全球各大媒体几乎都将其作为最重要的新闻进行了报道。这第一例用体细胞克隆出来的动物，在翻开生物技术史崭新一页的同时，也引发了人们对克隆技术"逼近"人类自身的担忧，潘多拉魔盒会不会就此打开？

然而，"狼来了"喊几声并不能阻止技术前进的步伐。就在世界各国对"治疗性克隆"是否应该跟"生殖性克隆"一样全面禁止，尚未形成广泛共识的情况下，进入21世纪后以CRISPR/Cas9为代表的基因编辑技术又有了突飞猛进的发展，继续朝着人类"逼近"过来。2018年11月"狼"真的露了一下头，深圳"基因编辑婴儿"事件惊爆全球，引起世人几乎一边倒的强烈谴责。这出被*Science*等权威期刊评为2018年科学界重大"崩坏"事件的闹剧，发人深省之处颇多。让我们不得不正视的现实是生物技术已经走到了重新设计人类自身的大门口，但人们在方方面面并没有做好准备，包括整个社会的伦理体系建设。可以预料，在走向未来的出壳进程中，新技术对社会意识的冲击将会更多样、更猛烈，这在当下已可看出点端倪。譬如目前，方兴未艾的AI研究正如火如荼地进行着，AI与人类智能的联结技术也是研究热点所在，眼下人们都在乐观其成，津津乐道期盼着，殊不知，这种技术一旦成为现实，人机杂合体就会像新的"狼"一样出现在我们周围，社会伦理能允许这样"与狼共舞"吗？

这样的"狼"尽管还没有走近，但"狼"的技术基础却已蓬蓬勃勃发展了多年，这当然指的是电子技术。在刚刚过去的半个多世纪里，人们发出"不是我不明白，是世界变化快"这种感慨的背后，实则是科技体带动社会发生着日新月异的变化，其中电子技术扮演了最重要的推手角色。在我儿时生活的20世纪60年代，有印象的电子产品只有收音机和黑白电视机等两三种，前些日子我随便数了一下家里现有的电子生活用品，大大小小一清点，竟数出了62个不同的品种。要是加上早已淘汰的影碟机、BB机（寻呼机）之类的玩意，居家生活用过的电子产品至少有上百种，再算上电视机从显像管到背投再到液晶那样的更新换代产品，那就要翻几倍了。对电子技术的迅猛发展，我这代人大概都会有切身的生活感受，比摩尔定律更直观。

当然，生活用品还只是很小的一个缩影，电子技术最出彩的发展大戏还是计算机。事实上，电子计算机自诞生以来，其本身的技术进步速度之快，其对促进人类社会变革的力度之大，都是史无前例的。1945年6月，冯·诺依曼创造性地确立了通用计算机的结构，1949年第一台带有存储程序的计算机在英国问世，现代计算机的发展这才扬帆起航。随后，从第一代电子管计算机开始，在短短的几十年时间内，又经历了晶体管计算机、集成电路计算机、大规模集成电路计算机几个阶段，技术演进一步步发生质变的飞跃，已经从最初的功能单一、体积巨大发展到如今功能复杂、体积微小、资源网络化的新时期。人们今天很难想象，1952年诺依曼自己研制的"阿艾斯"计算机，体积足足有三间库房那么大，而其计算能力却只相当于现在一个小小的计算器。1969年人类第一次登月时，飞船上所有计算机的数据储存量还比不上如今小小的一部手机。当初更难想到的是，千百年来被人们视为高度烧脑的围棋博弈，居然会冒出一个叫做"阿尔法狗"的智能计算机将人类的顶级高手杀得片甲不留。这就是电子计算机的发展速度。

在"电"字辈科技产品当中，计算机虽然大器晚成，却在20世纪下半叶的全球性自动化浪潮中有着一鸣惊人的表现。最早源于工业生产的自动化理念，正是由于计算机渗入了生产设备，才使整个生产过程在进料、加工、传送、检验直到完成产品的各个环节，都能按照预定的程序自动进行，从而迈向了自动化的高级阶段。可以说没有电子计算机问世，再巧妙的自动装置都只能算雕虫小技，人类大幅度提高劳动效率的千年夙愿断不会迅速实现。在这一过程中，计算机处理信息的能力日益增强，自动化逐渐开枝散叶从工业生产延伸到农业、军事、商业、交通运输、医疗卫生等各个领域，给人类社会带来了又一场"旧貌变新颜"的深刻变革。这场以自动化为代表的技术变革，不只是"触角"所到之处"砰"的一声响，而是"砰砰砰砰"呈连锁反应式爆发，在信息技术、新材料技术、生物技术、空间技术、海洋技术等诸多领域都传来了声声巨响，四处开花，遍地结果。这是人类历史上继蒸汽机技术革命、内燃机和电力技术革命之后科技体一次更猛力的发威，这便是有目共睹的第三次技术革命。与以往两次技术革命不同，这次新技术革命明显表现出"四高"特点，即高技术群体形成、科技与经济的高度融合、创新进程高速化及高度全球化，让人充分感受到了科技体携手人类加速前进的巨大力量。

在这一轮技术革命中，电子计算机无疑是革命的领头羊，也是最具社会侵染力的标志性技术，没有之一。这么说并不是谁在信口开河，而是由计算机延伸发展出来的互联网为证。早在1960年麻省理工学院的利克莱德就预测说，未来15年内将会出现一种计算机网络，能把世界上所有的电脑都联为一体。后来，年轻的计算机专家罗伯茨果然帮美国军方弄出了一个"阿帕网"，1984年这个网络被美国国家科学基金会接手，逐渐演化成了因特网，发展到1992年，网上迅速形成了上百万个电脑联结点。再后来更不得了，生于1990年后的孩子们，他们见到的已经完全是一个全球联网的世界，互联网对他们来说就像空气一样毫不稀奇，天经地义就是生活的一部分。

然而对1990前的人们来说，互联网却是一种神奇的力量，它在短短20来年的时间里极大地延伸了人们的生活空间和社交空间，造就了一个崭新的数字化世界，正在迅速改变着我们的价值观、世界观和情感取向。其发展速度风驰电掣，从门户网站出现到电子商务崛起不过5年时间，从智能手机普及到微商遍地开花不过1年时间。瞧瞧最近几年，网店革着实体店的命，"滴滴"革着出租车的命，自媒体革着报纸的命，直播革着电视的命，支付宝正在革银行的命，虚拟平台也正在革实体机构的命，这一切无不是互联网"新世界"对传统"旧世界"的猛烈撞击，而且这种撞击还在"咣当、咣当"持续进行着，大有把传统世界撞个稀巴烂之势。眼下，互联网技术应用已开始向"物"的世界急剧扩展，未来万物联网的局面一且形成，联上网的"物"的数量将比"人"的数量要大得多。再往后，"物"的世界也必将逐步实现数字化，万物将会通过专门的"芯片"技术变成一种网络上的信息流，如果地球世界能被打包成一个个"数字体"，那无疑将为人类的太空活动创造有利条件。这种发展趋势，可能也是科技体在出壳前夕表露出的一点征兆。

正因为剧烈的信息技术变革还在进行着，所以有些学者以为人类历史上第四次技术革命已经爆发了，如今动辄冒出来的一项项"黑科技"也表明一场新的革命正在进行中[43]。这种观点对工业经济的研判也许有价值，然而从科技体的角度来看却未必站得住脚。

就公认的前三次技术革命而言，它们的共性表现在，都是以某一项或几项重大技术应用为基础，爆发了连锁式反应的革命，使人类社会的生产生活发生了质变式飞跃。再看其各自的特性，也有规律可循。如果说第一次技术革命发生时科技体尚在孕育中，蒸汽机变革了人类使用工具的方式，第二次技术革命发生时科技体已经成形，内燃机和电力变革的是人类使用能源方式的话，那么第三次技术革命发生在科技5.0时代，科技体壮大后开始发威，科学、技术与社会三者已紧密关联，以计算机应用为代表变革的是"人类与世界连接"的方式，不管是自动化还是数字化都反映了这点。照这样推断，所谓的第四次技术革命理当更为壮观，应该是科学、技术、社会与人的高度互动，科技体将进一步焕发新活力，变革的是"人类自身"。然而，这样的景象至今并没有出现，能够产生连锁式反应的龙头技术也还没有完全明朗，我们不能仅凭一只"阿尔法狗"就轻易下结论说AI与人类智能结合的时代已经到来，更不能轻易说这就是变革"人类自身"的技术开端。

然而，发源于电子计算机的网络信息技术已经让人类的通信方式发生了翻天覆地的巨变了，不是新的革命又算什么？不妨再接着絮叨。从前三次技术革命的间隔期来看，每次革命爆发后都有一个"红利"持续释放的过程，这中间又会形成一波波新高潮。比如说第二次技术革命，从19世纪下半叶内燃机和电力应用开始，后来又出现了焦炭炼铁、转炉炼钢、汽车飞机等一系列震撼人心的技术，每一波这样的高潮也都或多或少会引发巨变。特别是第三次技术革命，是由计算机领头，航天、新材料、激光、核能、生物技术等共同发威而点燃的，"红利"的释放过程更是高潮迭起不会一闪而过，大火还在熊熊燃烧着，好戏至今还没演完。事实上，网络信息技术及AI技术说来也都属于计算机技术的长臂延伸，所以应该算是第三次技术革命尚未演完的一出重头戏。那么要变革"人类自身"，第四次技术革命何时来临？恐怕时机还未到，时间上不会一触即发，还要耐心等着新技术"领头羊"孕育成熟走上前台来。然而它一旦爆发将会是人类历史上最为轰轰烈烈的一次巨变，也很可能是科技体在我们这颗星球上的"最后疯狂"，其结果将直接引发人类的出壳。

我们又该驻足顾望一下了。从科学单倍体出现在1.0时代，到进入"最后疯狂"的5.0时代，科技体在地球上的行进历程虽然还没完，但其走过的轨迹已经能看得很清楚，那是一种有序化程度迅速递增的进化过程。这个过程发端于科学革命，假如没有"科学元素"的逐步介入，传统的"技术元素"只能蜗牛般缓慢爬行，至今依然处在混沌无序的状态。

科学源于人类的心智思维，技术则来自传统技巧，二者合而为一的结果便是形成了具有独立自主性的科技体，从而开始了由低级到高级的有序化进程。科技体的独立自主性并不虚幻，而是一种客观存在，其内容包含各学科理论体系，小到塑料大到飞机的实物成果、非实体的运算程序等，这已远远超出了人的心智思维和传统技巧的范畴，无疑是前所未有的新表象。科技飞速发展的实质是什么？其实就是提取有关大自然的无序化知识变成有序化的知识体系，形成了科学单倍体，进而渗入技术单倍体内，构建出了有序化程度更高的科技体。这个科技体就像一个横空出世的新物种，进化出了高度的自组织能力，在最近几百年里上演了一出出改天换地的精彩大戏。而且这种进化出来的自组织能力并不以人的意志为转移，我们改变不了相对论或量子力学问世的结局，同样我们也无法阻挡一次次新技术革命的到来，以及新材料、新物品、新流程、新工具的出现。

谁都知道，人类本是地球生物芸芸众生中的一员，在进化成了最高端的物种以后，对整个世界就有了强大的控制力量，青出于蓝而胜于蓝。同样，科技体从心智思维和传统技巧中脱颖而出以后，也进化出了改变世界的强大威力，甚至能变革人类自身。生物进化要经历千百万年的漫长过程，是细雨无声的达尔文式"渐变"，科技体则不同，它在短短几百年内经历了疾风骤雨般的"锐变"，间或还伴有新技术革命的"炸雷"爆响。在许多方面，科技体的发展轨迹更像是拉马克式的进化。"用进废退"现象大量存在，物理学起步最早也使用最多，因而发展最快也最成熟，以至于量子力学这样的理论已经把其他学科远远甩在了后面。微电子技术也是如此，应用广泛，搞的人也多，在技术领域鹤立鸡群，进步神速。而地质学本来是个大领域，却多年来由于问津者少而发展迟缓，我们脚下的地表构造、矿物分布、地壳迁移等大量问题还都悬而未决，探究地幔、地核的技术手段更是凤毛麟角，甚至连地震都无法准确预报出来，跟物理学一比寒心多了。

科技体"纵向进化"现象也很明显。从燃素论到氧化说、从热素论到热力学、从汽车到飞机等，无不体现出科技体"向上"发展的内在倾向，而且科技体的优势"基因"可以存储，跨越时间段还能有新的用途，1887年电磁波发现时就知道了短波的存在，但人们一直以为短波没有通信价值，直到1921年才重拾旧器，明白了短波在远程通信上比中波和长波更有优势。这一点跟生物的优势变异只会立刻兑现有所不同，谁也别指望自己胳膊上一不小心长出个没用的骨刺先留着，一代代传下去，等到哪天要进化翅膀的时候再派上用场。此外，"新拉马克主义"也一直在寻找新证据，力图在"自然选择"之外发现其他的进化推动力，科技体的进化特点，尤其是它对人类发展的有力推动作用似乎符合新证据要求。我在这里也算是给"新拉马克主义"添了点"佐料"。

人类在地球上进化了数百万年，可谓长途跋涉，足迹遍布各地，但我们一直懵懵懂懂不明白自己从哪来，因为无法"倒带"向后看个清楚。我们也想知道自己到哪去，这一点比"倒带"的办法多，就好比不知道古猿是否到过广东，却可以预测出广东人将来肯定能登月。特别是科技体壮大以来，向前看有了越来越多的视角，大方向直指出壳已有明显迹象，起码从进化的拐点规律能看出端倪。在这个问题上人类比任何物种都要远胜一筹，如果我们能跟其他动物对话，早就可以明确告诉它们，在这颗星球上它们的前景不妙，到哪去要取决于人类走向，除非生物链重新洗牌。估计有不少阿猫阿狗都希望再来一次小行星撞击什么的，以便它们有机会上位。对动物们来说人类就是"神"，而"神"掌控着它们的未来。

然而天外有天，神外有神。对当今人类来说，科技体也像是一种神明般的存在，它在近300年带领人类加速前进的巨大威力是明摆着的，未来继续伴随人类前行也是必然的。但是，科技体的进化历程非常短暂，我们很清楚它从哪里来，就应该更容易察觉出它要到哪里去，人类紧紧跟随着这尊"神"也就能搞明白自己的走向。

从科技1.0时代走到5.0时代，科技体从欧洲一隅最初的一个"小幽灵"，以所向披靡之势迅速扩散到全世界各个角落。人人都知道，地球周围被平均厚度约为1 000千米的大气层包裹着，空气无处不在，可能是地球上分布最广泛的物质。其实科技体撒播的成果更是无处不有，既有触手可及的有形实物，也有弥漫四周的电波信息流，甚至现在连空气都快被Wi-Fi化了。假如亿万人时时刻刻打造出的电波信息能够可视化，那一定比空气的"密集度"更大、更壮观，熙来攘往、奔流不息，简直就像狂风乱舞中的雾霾裹在地球四周，比空气还要厚实。打开谷歌地图一看就会明白，大气层之外还有密密麻麻的卫星在参与信息的流转，海量的信息流穿梭往来于天地间，光靠地球表面这么点小地方越来越转不开了。这只是一个侧面的反映，却也能看出科技体大有进一步伸展的需要。

科技体将如何伸展，还主要看其内在的进化动力，毕竟自身的欲望决定着未来趋向（既然科技体表现出了拉马克式的进化特点，那就再看得更清楚点吧）。当前科技体还在猛烈发威，但科技5.0时代以来的一些重要信号已被我们捕捉到，这些信号昭示出科技体自身的欲望。

就基础科学而言，说是"大停滞"当然有一点夸张，但增速放缓的趋势却也是明显的。简单留意一下百年来诺贝尔奖的成果不难发现这个现象，许多具有学科开创意义的基础研究都是20世纪早期完成的，后来就开始走下坡路了。1960年以后的获奖项目一方面更多体现在理论"补漏"上，另一方面也靠"挖掘"早期的项目追认授奖，譬如麦克林托克1983年获得生理学或医学奖，而其主要成果早在20世纪40年代之前就已取得了。这固然是有诺贝尔奖对新发现需要时间检验的原因，但也反映出授奖同时期难以找到比之更有科学价值的项目，不然不会回头张望几十年。要说基础研究的势头明显减弱，表现最突出的当然还是物理学，科技4.0时代与5.0时代的反差确实很大。早年相对论和量子力学开创了崭新的纪元，但留下的一大堆后续问题至今也没得到解决。事实上，相对论和量子力学都还远未达到"尽善尽美"的程度，甚至二者之间还存在着不可调和的矛盾，百年过去了依然没得到解释。譬如说，假设一个粒子到达了黑洞奇点附近，按照广义相对论的说法，该粒子会被压缩到密度无限大，但按照量子力学的说法，由于粒子的位置永远不能确定，因而它无法达到密度无限大，甚至还可以逃离黑洞。孰是孰非？爱因斯坦生前就一直有个强烈愿望，希望能把量子力学纳入广义相对论的理论框架内，结果到他1955年去世也没能圆梦，到现在还留着这个大难题。

本来飞快发展着的物理学骤然减速，那一定是受到了无法克服的阻力。看看这些难题所涉及的黑洞、多维时空、引力波、量子纠缠、平行宇宙等概念，在地球上显然只能做有限的推测或触及点皮毛，要深入探索进而揭开奥秘是很困难的事。科技体在这方面就像被遮住了视野一样看不清楚，它一蹶不振了多年，现在的欲望只能是走向更加广袤的太空去求解。

就技术层面而言也一样，科学理论有不少完美的解释，却在技术上无法实现。早在1932年实验室发现了正电子以后，人们就认识到物质湮灭会产生巨大的能量，一直期待着激动人心的反物质能源出现，可是在地球这个物质世界上根本不可能找到反物质，更别指望取之不尽的新能源造福人类了。类似无解的问题还有暗物质。太空总比人们想象的更丰富，恒星

量子纠缠抽象图解

系的运动规律表明宇宙中存在大量的暗物质，这种不可观测却有质量的暗物质占到了整个物质世界的80％以上，但我们守在小小的地球上，岂能轻易搞清暗物质的特性，又怎能对此加以利用？即使探头探脑去大气层外寻找，恐怕也只是小打小闹，成不了什么气候。科技体面对诸如此类的窘境，就像束缚住了手脚一样难以施展功夫，朝着出壳方向前进注定是不二的选择。

对于科技体的进化规律，我们还远未认识到全部，但已察觉到了它显露出来的进化趋向，这是人类在拐点时期摸到的"过河石头"。我们对自己明天往哪里去，本来或多或少还存有疑惑，科技体的走向无疑更坚定了人类出壳的信心。前进的道路上也许充满了挑战，然而我们有勇气迈开出壳这一大步，因为有科技体这个"神"伴随我们一路同行。

三一

趋势

　　我们意识到了人类进化面临的拐点，也感受到了科技体进化的
趋向。
　　唯一正确的选择就是尽快打开出壳的大门，而不是把资源和精力
用在急切"变种"上面。

"双停滞"危机事关人类的前途命运，对此万不可掉以轻心。盲目乐观对世人的影响尤其值得注意，因为人类具备了干预自身进化的能力，"基因人""杂合人"已到了呼之欲出的程度，全世界正如火如荼进行着相关技术的研发，何愁未来的进化前途？然而这种乐观思潮非常危险，很可能正在把人类带进万劫不复的深渊。

"万物有法则，生命有逻辑"[44]，这话一点没错。迄今为止，我们对地球生物亿万年进化所遵循的法则或逻辑并不一清二楚，找不到任何理由去干涉自然进化，去重塑人类自身。"试错"似乎是个堂而皇之的理由，然而"基因人""杂合人"一旦真的出错也许再没有改正的机会了，就会出现失控的结局，进而彻底走向崩溃。现在我们意识到了人类进化面临的拐点，也感受到了科技体进化的趋向，唯一正确的选择就是尽快打开出壳的大门，而不是把资源和精力用在急切"变种"上面，马斯克和贝索斯们是对的。至于人类在未来会进化成什么样子，我们不得而知，那要等出壳以后或许再经历千百万年的自然选择才能有结果，眼下我们只能对出壳的近况做些预判。

1. 再次踢翻"珍妮纺车"

科技体引领下的人类出壳进程，无疑会爆发一场蔚为壮观的新技术革命。无论对人类来说还是对科技体来说，这场革命的变数和未知因素一定有很多，全方位挺进太空毕竟是史无前例的事情。我们首先要关心的是，革命的星星之火从何而来，又将如何燎原。这可以从历史经验中得到些启发。

很多人都知道，蒸汽机的问世是第一次产业革命的标志性事件。然而，那次改天换地的工业革命并不是源于瓦特的发明，而是从英国当时纺织业的一场变革开始的，"始作俑者"要数"珍妮纺车"。纺纱和织布，本是棉纺业两个互相配套的产业环节。起初，在低效率的手工作业条件下，纺纱和织布之间的衔接维持着一种平衡，能纺多少纱就织多少布。但是，平衡有一天被打破了。1733年，英国钟表匠凯伊发明了织布用的"飞梭"，用这种飞梭的自动往返替代手工操作，极大地提高了织布效率。这下子麻烦来了，织布速度快得很，造成纺纱的速度远远跟不上织布的需求，陷入了一种"纱荒"，供给侧出了问题。后来，纺纱技术的发展反超了织布，又导致织布技术跟不上速度，而出现了新一轮的不平衡，从"纱荒"变成了产能过剩。总之供给侧不来一次大改革是不行了，产业革命就是在纺纱与织布技术之间这种此起彼伏、你追我赶的互动中，拉开了帷幕。一阵子"布快纱慢"，一阵子又"纱快布慢"，由此推动纺织机的不断改进，直至发展成机械化的大工业。

珍妮纺车的发明，是产业革命燃起的第一个火种。这种手摇纺纱机的出现，有效解决了"纱荒"带来的不平衡，据说是"一脚踢出来的发明"。1764年的一天，纺织工匠哈格里沃斯无意中踢翻了他女儿珍妮的纺车，原先水平放置的锭子变成了竖直的，这给了他瞬间的启发。于是，他发明了由八个竖锭构成的纺车，从而把纺纱效率一下子提高了8倍。他把这一发明用女儿的名字命名为珍妮纺车，于1770年向英国政府登记了专利。实际上，珍妮纺车的出现，是手工工具变为机器的一个重要标志，由此掀起了产业革命的浪潮。踢翻了珍妮的纺车，相当于点燃了一根导火索，谁也没料到工业生产会就此燃起熊熊大火，直到蒸汽机引领的机器大工业登上历史舞台。数千年来的农业社会经过这场大变革而步入了工业社会，人类的生产和生活方式随即发生了深刻变化。

现在回过头来看，珍妮纺车被踢翻那会儿，纺织业一场前所未有的巨变已经是山雨欲来风满楼，但人们对巨变的前景却并不清晰，一边甩开膀子大干一边慢慢领悟，期间还发生过工人群起怒砸纺织机的事件，波折过后最终还是迎来了辉煌的机器时代。我们如今正在向出壳迈进，时代背景很像是第一次产业革命的前夕，跃跃欲试却还懵懵懂懂，所不同的是，以史为鉴可知兴替，对前景的预判便不至于空空如也。

出壳当然意味着太空移民，革命的序幕似乎也由此一点点拉开。早在阿波罗登月计划完成以后，人们就开始策划太空移民了，虽然地球附近找不到宜居的现成落脚点，但建造大型太空城却是可行的。普林斯顿大学物理系教授奥尼尔最早提出了太空居住点的建造方案，他1974年发表在《当代物理学》杂志上的文章，进行了煞费苦心的分析论证，对大型太空城的形状、建材、轨道位置、能量供给及躲避宇宙射线等方面都做出了设计。NASA一度对这个设计方案很感兴趣，并斥资支持进一步完善该方案，但火候未到最后只能是不了了之。近年来，有关太空移民的话题更被人们津津乐道，火星殖民、月球基地、太空方舟等等正在从科幻变成实际探索。但我们同样不必朝思夜盼，这种探索不会成为人类大规模挺进太空的开端，太空移民至少在今后百十年内不可能大规模展开，而是下一步才能实现的事。其道理跟地球上的探险活动类似，我们可以到荒无人烟的深山老林去考察探索，却没有动力驱使我们立刻开山凿路修建大规模的居住点。去荒郊野外体验一下新鲜感便达到目的了，长期住下来总要有点理由吧，除非有足够的新利益驱动。如同工业革命的星星之火发源于生产需要一样，人类开拓更大的疆域也必将重新产业开始，这个新产业就是太空采矿业。

说起来，关于太空采矿的纸上谈兵也算由来已久了，尤其是瞄着月球的勘测活动已陆续进行了半个多世纪。地球上最常见的硅、铁、镍、铝等十多种元素，在月球表面都有着丰富的矿藏量，按说近水楼台早该行动起来了，然而"先得月"的可行性事实上非常小，商业采掘至今没有付诸任何实施。除了各种技术因素制约外，月球采矿的性价比太低是最主要的原因。耗费巨大的登月开采成本，运回来一堆并不稀罕的矿物，就好比专门建造一艘艘巨轮远航到太平洋中间只是为了打捞几筐普通的水产海鲜，这种赔大本赚吆喝的买卖谁都不会干，也承受不起。而且，在月球上大规模采矿的风险极大，别的且不说，万一要是发现采矿对地球运行有不良影响，联合国随时会紧急叫停，先驱者必将损失惨重，血本无归。当然，商业采掘在利益诱惑面前是挡不住的，物以稀为贵的道理并没有失灵，月球土壤中丰富的氦-3元素便是地球上稀有的，也是目前最有开采价值的标的物，蠢蠢欲动者一直盯着这点。但利用受控核聚变制造清洁能源的研究至今尚未取得成功，因而眼下也还不到开采氦-3的时候。我们应该感到庆幸，好在月球上没有发现储量丰富的金矿，不然星球大战早就在月球上打响了。

虽然月球采矿的可行性很小，但小行星采矿的可行性却越来越大，近地小行星已成了人们关注的新目标。根据近年来的统计[45]，目前观测到的直径超过46米的近地小行星已达9 000多颗，其中很多都是宝贝疙瘩，上面富含铂、钴、铑、铱、锇等贵重金属，有些小行星的商业潜力说是价值连城都不足以表达。譬如2015年有大量新闻报道说，一颗名为"2011UW158"的小行星飞掠地球，这颗小行星富含的铂金量远远超过了地球上铂金储量的总和，其价值高达5万亿美元（相当于日本2018年全年的GDP总量）。还有专业网站估价说，一颗名为"241 Germania"的小行星上存在的矿产价值约为95.8万亿美元，这个数值超过了全世界2018年的GDP总和，够有诱惑力的吧。

正因为小行星拥有无可限量的矿产开采价值，人们有越来越多的理由相信，小行星采矿是未来最赚钱的一个行业，也是全球经济下一轮最亮丽的"造富星"。贝索斯近年来雄踞世界首富，其资产也不过1 500亿美元，还是迄今唯一超过千亿资产的富豪。但这很快将成为过去时，预计今后几十年内"地外经济"将蓬勃展开，资产超千亿的富豪将会群雄崛起，甚至将产生万亿级的大富翁，这些超级富豪应该主要出自太空采矿业。

这么说并非空穴来风，事实上太空采矿业正在紧锣密鼓地兴起，最近十多年来美国、英国、日本、澳大利亚等都涌现出了一批致力于太空采矿的企业，目标全都瞄着小行星丰富的矿产资源，从纸上谈兵转而付诸行动了。2018年11月，广东媒体报道的一则消息称，中国第一家小行星采矿公司已成功落户东莞，其创始人是拥有哈佛大学天体物理学博士学位的苏萌。这位来自山西省的年轻人信心满满地踏入了"地外经济"的蓝海，他认为太空采矿的前景非常广阔，虽然目前这个项目的投资远远大于收益，然而一旦打开太空矿产之门，巨额利润将难以估量。苏萌告诉记者说，不能眼睁睁看着上万亿的矿产从头顶上飞过而无动于衷，未来10年也许就能赚到小行星采矿的第一桶金。他对投资的盈利预测，比美国高盛银行评估的20年扭亏为盈更加乐观。我看了媒体报道，完全被震撼了，第一次感到小行星采矿业离我这么近，真是说来就来了。有初一必有十五，很可能就在今后10年内，与太空采矿业相关的公司企业，会像雨后春笋般出现在我们周围。

"鱼跃龙门，过而为龙"已现出兆头，采矿这个传统产业一旦转场到太空，无疑将是一次鲤鱼跳龙门式的大变革。太空采矿业好比是当年的纺织业，产业推进过程中巨大的技术需求，必将引燃革命的烈焰，进而带动一系列相关产业蜂拥而至，进而向太空进军。当代的"珍妮纺车"在不久的将来就会出现，新技术的星星之火正在酝酿之中。

实际上，小行星采矿在目标选择、前期勘探、操控作业等方面还有许多关键技术亟待攻克。在选择目标方面，从众多的小行星中精准锁定采矿点还有大量技术问题需要解决，不仅要设计合适的观测望远镜，而且要有远程测定小行星物质成分的高分辨摄谱仪，同时还要构建参数识别与分析、科学价值评估、工程可行性分析等智能系统。在目标小行星前期探测方面，要解决长时间太空飞行的能源供给、深空暗弱目标自主导航、弱引力天体的捕获与着陆，以及在不同质地星体上附着等问题。有人提出对体积不大的小行星采取捕捉的办法，直接将其捆缚后运回地球，这又要涉及航天器设计的更多问题。在抵达目标星球之后的操控方面，要解决航天器和开采设备在微重力环境中的投放、锚定、钻孔，以及防护太空射线对电子仪器的破坏等问题，同时还要考虑消除小行星的自旋，改变运行轨道或将其转移至新的区域等问题。这一系列的技术问题在"万众创新"的当代，用不了太久便会迎刃而解，以人类目前掌握的理论和技术看不出有哪个难题会成为迈不过去的沟坎，只是逢山开路遇水搭桥需要有个过程。当年哈格里沃斯无意中一脚踢翻珍妮纺车点燃了工业革命的导火索，而今新时代的"珍妮纺车"就潜藏在小行星采矿的技术问题中，说不定哪天一觉睡醒就会传来出征开采小行星的消息，我们一点也不必感到意外。

小行星采矿构想图

　　大约有1.7万颗小行星分布在地球的公转轨道附近，它们大都是直径不足千米的"小不点"。这些近地小行星，正是当下太空采矿业的目标天体。所谓"近地"其实是天文学意义上的概念，由于公转周期和轨道的差异，它们与地球的距离实时处在动态变化中，有时擦身而过，有时遥不可及。2003年，日本的隼鸟号采样航天器前往"丝川"小行星探测，发射时沿着外切地球公转轨道、内切"丝川"小行星公转轨道的最优路线走，这样"抄近道"还是历时7年才取了样返回到地球，往返一趟费时费力成本高昂。

　　这也就意味着，小行星开采一开始很难做到把一堆堆矿石随心所欲运回地球，而是要就地加工冶炼，降低运输成本把真金白银带回来。在精细加工的同时，对开采出的天然或废弃资源，要能够就地转化为推进剂、新材料、生活保障等消耗品，这样才有可持续发展的后劲。因此，小行星矿产资源的"原位"加工利用技术，是实现规模化开采最关键的核心技术。已经有隼鸟号成功实现了小行星资源的采样返回，接下来能否一鼓作气进行商业化开采，就看这一锤子买卖了。有志于踢翻现代"珍妮纺车"的科技精英们，理应在这方面狠踢猛踹。更远一点的将来，位于火星和木星之间的特洛伊小行星带，将成为太空采矿业的主矿区。那片靠近火星轨道的天区幅员辽阔，分布着至少50万颗小行星，金银财宝取之不尽用之不竭。人类一旦成功登陆火星，不会像一些人设想的那样，随即掀起观光旅游和移民的热潮，而是首先会建造适应火星环境的加工冶炼设备，建起矿产资源"原位"利用和产品制造的工厂，就近满足火星和小行星采矿的生产需求。采矿加工有朝一日在火星上轰轰烈烈地搞起来，巨额利润滚滚而至，前往火星的各色人等自然而然就会越来越多，太空移民的奇迹迟早会出现，最终奏效还是要归功于生产活动。

　　与太空采矿"原位"利用密切相关的制造业将得到同步发展，这给3D打印技术提供了广阔的施展空间。其实，3D打印技术问世几十年来，蹒跚前行并不顺利。早在1986年美国人赫尔就发明了结合电脑绘图、固态激光与树脂固化技术为一体的3D打印机，让人们对一气呵成制造万物的前景充满了期待，但这种理想只是昙花一现。随着最近十多年来数字化的崛起和制造业升级的呼唤，3D打印仿佛迎来了第二个春天，但至今依然是雷声大雨点小，打印房屋、打印机枪这样的噱头不少，却离打印万物还差得很远。就材料技术而言，目前以粉末状金属和塑料为主的积层制造能力很有限，对涉及不同材料、由多个部件构成的复杂物品根本做不到软硬结合、刚柔相济，要想一举颠覆传统制造业恐怕还早着呢。

3D打印

然而，3D打印虽然在地球上大规模普及的火候还没到，却在太空制造业上大有用武之地，"墙内开花墙外香"或许是这项技术发展的必经之路。2013年初，我到日本的未来科学馆参观3D打印机的时候，曾就这个问题当面请教过该馆时任馆长、著名宇航员毛利为先生。他告诉我说，地球上的工业制造经历了数百年，不可能一下子被技术有限且成本昂贵的3D打印所取代，但在太空就不同了，人们无法把地面上五花八门的制造设备统统搬到天上，3D打印独一无二的便捷制造优势就体现出来了，携带一台3D打印机及航天器零部件耗材可以大大节省各种零件成品的发射载荷，单从经济成本上看也是很划算的事。毛利为先生作为一名物理学家，且有过两次亲身飞天的经历，他对航天需求的先见之明很快就得到了验证。2014年，世界上首台太空3D打印机由"龙"飞船运抵国际空间站，成功打印出一系列太空替换零部件，从而拉开了"太空制造"的序幕。这就意味着，3D打印很快会是今后深空航天探测的标配，将从生产各种零部件和日常用品一步步发展成为规模化的太空制造业技术。

地球上蹒跚发展的3D打印技术，在太空有着强烈的刚性需求，很可能由此引发材料技术的大突破。正如恩格斯所说，"社会一旦有技术上的需要，则这种需要比十所大学更能把科学推向前进"。3D打印的技术瓶颈就在于材料，有了太空制造业的驱动，传统的金属材料、其他无机材料及高分子材料将朝着日益融合的趋势发展，适宜于3D打印的混合型材料会越来越多。渐渐地，具有智能属性的功能材料混合体将出现，那要在分子水平上解决材料的自动设计问题，通过移动原子、堆栈原子、重新安排原子形成复杂打印所需的各种材料，既能做到坚硬如钢也能做到柔软绕指，在打印过程中还能根据工艺需要实现不同成分的自动配比，从而满足打印物品各部件的质地要求。到那时候，3D打印技术其实就走到了4D打印阶段，全自动制造万物的时代也就开启了。在现阶段和今后一个时期，3D打印要想加快技术研发的步伐，就应该更多地瞄准太空制造，通过太空的刚性应用倒逼技术的发展，这一点不可以按照人们的惯性视角来看待。譬如食物的打印，把食用原材料打印成各种套餐，无法跟天然烹饪出来的食物相比，也不可能受人青睐，但对太空生活来说却是"多快好省"的供食办法。同样道理，在太空极寒极热等变换条件下，所需的各种质地材料也许在地面上没什么大用场，却是太空制造业必不可少的。

太空采矿及"原位"加工业的兴起，很有可能发现与地球上分子结构完全不同的新材料。就像塑料、尼龙、合成橡胶那样，它们原先在地球上并不存在，都是科技体发展壮大以后才出现的人造物。由此我们可以想到，各小行星上在不同的太空环境中或许会天然形成人们所不知道的化合物，更或许太空环境能够合成地球上无法造出的化学结构，甚至小行星上还可能存在着人们尚未发现的新元素，这都有可能成为新型材料的源头。曾经，技术上不起眼的塑料改变了世界面貌，将来，地外新材料"返销"地球也会产生同样的效果。

即便是地球上已经存在的一些稀有物质，将来消耗殆尽也需要在地外找到新的来源。譬如49号元素铟在地壳中含量极微，却是制造液晶显示屏的主要靶材，有人估计，按照现今人们更换智能手机的速度，铟的储量再过20年就会枯竭[46]，加强回收利用也许能维持一段时间，再往后可能就要靠地外补充了。随着人类出壳的不断推进，地外材料的开发是大势所趋，地外产品成为制造业的主流也是迟早的事。因而，由小行星采矿带来的技术变革，将是制造业从地球上转向外太空的一次大伸展。"工具机"引发"动力机"演变的历史将在地球外重演，这场巨变的内容涉及人类生产和生活的方方面面，巨变的标志则是"地外制造"的普遍化。

随着制造业向地球外的迁移，与之配套的太空仓储业也将发展起来。在出壳早期，地球大气层外围的近地仓储将蓬勃兴起，这既是地外采矿和制造必不可少的中转环节，也是传统仓储业向地外伸展的需要。太空仓储的超低温、高真空、无氧无菌环境，更利于许多物品的大规模、长时期储存，对地球上传统的仓储业将构成前所未有的挑战。只要在太空仓库的建筑技术、防辐射和微体撞击技术方面下足功夫，无论是静止轨道还是同步轨道上的近地仓储，都有着巨大的市场潜力。特别是从地面到大气层外的低成本交通穿梭工具发展起来以后，近地太空仓储必将迎来一个大繁荣的局面。我们不难想象，把巴西的万吨牛肉运往中国，其间的运输周折和仓储成本并不小，假如运到太空仓库去，不但减少了中转和流通环节，而且时间上也要快得多，地面上可以仰望天空随要随取，总有一天这样的仓储成本越摊越薄，最终在经济上便会物有所值。当然，太空养牛也许会随着太空农业的兴起而成为现实，到那时，大量牛肉及其他农产品的存储无疑需要更多的太空仓库来承担。

不管是种植还是养殖，太空农业已被人们期待了很多年，相关技术的探索性研究早在当年卫星上天之初就起步了。从一开始进行藻类培养，到后来在密闭环境下无土栽培甜菜、胡萝卜、黄瓜、洋葱、番茄、小麦、大豆、马铃薯等，已进行了几十年探索，与此同时还一直进行着鱼类、蚕类、果蝇、蚂蚁、青蛙、乌龟等小动物的太空养殖试验[47]。

很多人看过2015年8月国际空间站的一段视频，美国宇航员斯科特和日本宇航员油井龟美一边品尝着太空种植的紫叶生菜，一边竖着拇指赞叹"真酷！好吃，太新鲜了！"NASA也同时声称，这是人类迈向火星生活的一大步。其实，对太空农业这么点成就的颂扬还是略显夸张了，好莱坞电影《火星救援》中主人公在太空种土豆自救的场景并没有成为现实，太空农业的大规模技术研究至今还没有推开，出壳需求尚未到来，投入也就远远不够。人们现在看到的情况是，有关太空农业的研究大都是在地面上的模拟实验环境中开展，航天器上进行的研究基本上是顺手牵羊搭载个项目上天，研究目的更主要是为了惠及地球农业品种的改良。很多搭载项目仍停留在太空育种阶段，当今不少人理解的太空农业其实也只是局限于太空育种。

然而，这种局面随着太空采矿打开出壳之门以后必将彻底改观。道理很简单，起初的采矿摸索也许主要靠AI机器来干，一旦规模扩大就会有越来越多的人进入太空现场，吃饭难题不能不找出解决方案。人类自从一万多年前告别狩猎采集时代以来，先后经历了原始农业和传统农业的漫长发展阶段，最近百年才在科技体的引领下进入了工厂化的农业时期。但工厂化的现代农业，依然有赖于地球大环境才能开展种植和养殖。太空环境下的农业则迥然不同，失重、真空、无土或土质不同、强烈宇宙射线等对农业技术的全新需求，即将迎来一次脱胎换骨般的技术变革。橘生淮南为橘，生淮北则为枳，从地面壳内到太空壳外，管它是橘是枳还是别的什么，解决了地外生活的食物和能量供给问题，才能支撑人们大规模迈向壳外。因而在小行星采矿业兴起伊始，太空农业技术也将随之加快研究步伐，我们将看到更多专门开展农业研究的航天器搭载着农业技术专家进入太空，进而开发出适宜地外种植和养殖的农业品种。不仅要在航天器内种生菜，而且要在目标星球上实现大范围种养，年复一年日复一日，火星或小行星上种土豆甚至养牛的场景就会从科幻变成现实。

除了吃饭大问题之外，围绕着出壳的新兴服务业在此过程中也会顺势崛起，往返太空的客运和商务等需求必然成为新的经济增长点，涉及的相关技术涵盖方方面面。与专业宇航员飞天不同的是，普通人进入太空需要有更安全更舒适的运载工具和航天器，要让常人的身体经得住起降时过载、震动、噪音等考验，同时还要建造一些人工天体在太空接应，以更好地供人们打尖歇息，应对太空辐射、长时间失重等带来的麻烦。新兴服务业不仅涉及太空的衣食住行，同时也事关地面的配套服务，失重训练场、太空模拟生活舱这样的服务设施将日益增多。等到技术上实现了太空旅行的常态化，说不定地外公寓租赁、置产购房等又会接踵而至，服务业的未来前景就像太空本身一样广阔无限。

总而言之，人类出壳是前所未有的历史大转折、大伸展，其技术推进有个逐步突破的过程，共同需要的技术主要是运载工具的变革，产业技术的带动则大致会沿着太空采矿业—太空制造业—太空仓储业—太空农业—太空服务业的路径循序渐进。这一进程将撬动巨量的科技资源不断介入，一面体现出鲜明的大科技特征，一面体现出市场在资源配置中的决定权。

盘根错节的技术进步将会此起彼伏，各种黑科技能否在太空踢翻"珍妮纺车"，取决于实实在在的巨额商业价值。冲破关键的技术瓶颈不在于标新立异找噱头，而要在不断获取收益中实现技术进步，在技术不断进步中获取更大收益。空喊移民火星没用，先把真金白银采回来，一切就豁然开朗了。

2. 打破垄断魔咒

我们正处在一场技术大变革的前夜，稍有风吹草动就会让人觉得暴风雨快要来了。实际上，进入科技5.0时代以来，电子信息技术引发的新革命尚未谢幕，"炸点"至今还不时冒出，每次都会让人兴奋不已。

2015年以来的一个新"炸点"便是区块链，各行各业对这项技术的应用前景充满了期待。好不容易找到了公平、守信的一种技术依托，金融结算、商业交易、政府监管、司法记录、国家安全等诸多领域都看到了一劳永逸解决互信问题的希望，一时间像是发现了稀世珍宝，对区块链的技术投资蜂拥而至。我到现在对区块链技术一直都懵懵懂懂，看了些专著也请教过几位IT界专家还是一知半解，但总归明白了一点道理，区块链并不是一项全新的技术，而是一种新的技术组合。其关键技术包括 P2P 动态组网、基于密码学的共享账本、共识机制、智能合约等都是十多年前已经存在的老技术，但是，中本聪（这人神神秘秘名字都不知是真是假）把这些技术很巧妙地组合在一起，并在此基础上引入了完善的激励机制，以经济学规则来解决传统技术无法解决的难题，可以说是创建了一种信任机器[48]。

然而人们对这项技术的期望值显然估计过高了，喧嚣了几年也没见哪一台实用的信任机器问世，于是进入2018年后对区块链的追捧骤然降温，投资热潮从春天跌进了寒冬。这不是区块链的底层技术有毛病，而是人们操之过急，对这项技术过多赋予了理想主义的色彩。想想也是，区块链最大的技术诱惑力就是所谓的去中心化，它可以摆脱中央权威和大机构控制，给每个人平等参与的机会，这不正是人类千百年来向往的自由竞争、平等分享的世界吗？

关于区块链的本质特征，业界的理解见仁见智。去中心化是"最解渴"的说法，终于找到可信可靠的自由平等了，好不痛快。冷静些的说法则是分散式、分布式、多中心或弱中心等等，凡是去中心化机制无法解决的问题，还是要靠"集中式"来应对。这反映出人类在价值取向上时而会有些挣扎。分散与集中，抑或并存在很多人心中，人们渴望自由竞争也追求平等分享，对集中治理虽然惶恐不安却又恋恋不舍，这种矛盾心态在IT技术发展上可见一斑。

冯·诺依曼的存储程序计算机问世半个多世纪以来，人们在信息获取和处理方面的受益是快速兑现的。30多年前我读研究生的时候，查阅文献资料要不停地跑学校的图书馆，每次对着一排排中草药格柜式的检索卡片盒，摸得一手黑灰才能找到所需的一些期刊文献，再一页页复印好带走。学校图书馆缺如而又必需的资料，甚至要专程跑到北京图书馆（国家图书馆的前身）去找。我跟现在正读着研究生的女儿讲起来，那时候的状况她根本无法想象出来。后来很快有了办公PC（个人电脑），用几张5.25英寸或3.5英寸的软盘，就可以挥洒自如搞定自己要用的资料了。再后来因特网联到了中国，网络上的无尽资源扑面而来，信息的奇点真是发生了大爆炸。事实上，CS（客户端/服务端）架构下发展起来的互联网，开放、共享、分散、透明，按理说构建了一个前所未有的自由空间，足够人们各自尽情驰骋了。然而惶恐不安却在一天天加剧，原因来自两个方面。一方面，互联网分布式框架的基础在于不同层级的局域网和中央服务器，在搭建信息高速公路的同时，开放、共享的信息资源终究是由网络上游的巨头掌控着，高度分散的背后演化出了高度集中。另一方面，最近几年基于大数据的AI发展显示出了强悍的深度学习能力，非生物智能一旦全面超越人脑总是令人放心不下，尤其是这种技术要是被极少数寡头先掌握，那更是细思极恐的事。说来说去，人们一直惧怕的是对资源的过度"集中式"掌控，所以才对具有去中心化色彩的区块链技术趋之若鹜，虽然热闹一阵又凉了下来。

近代以来人类活动的许多方面，与IT技术演化出的信息资源高度集中有着异曲同工之处，经济学语境中所谓的垄断，成了一个长期挥之不去的魔咒。早在科技体形成之初，产业结构的巨变带来了经济的长足发展，自由竞争的背后同时也在演化着垄断。德国当年之所以能后来居上反超英法，在很大程度上得益于垄断先行一步。德国人在向企业推进科学体制化的过程中，一直注重生产企业的大型化、规模化，鼓励纺织、钢铁、煤炭、化工等分散的新兴技术企业组建成一个个大企业。特别是围绕铁路建设组建的一些工厂，都是当时全世界最大的企业，这对德国铁路网以欧洲最快的速度建成起到了关键作用。德国的这种做法，后来慢慢地演化成了"康采恩"的生产体制，这种集中整合生产要素的组织形式，便是自由经济转向垄断经济的开始。后来，各工业化国家又演化出了"大鱼吃小鱼"的多种垄断形式，垄断的格局从传统到现代一步步强化，其弊端也日益显现，成了制约公平竞争的一个顽疾。

实际上，社会的生产活动从分散到集中，对企业的集约化、规模化发展和提高效率还是很有益的。但垄断也有着妨害竞争、阻碍创新、削减社会福利等明显不利的一面，以至于人们把一切社会不公的根源统统归结为垄断。在很多人心目中，垄断是全世界的头号公敌，恨之入骨又无可奈何，打破垄断魔咒是人们梦寐以求的夙愿。

进入21世纪以来，随着科技体的日益壮大，全球化浪潮愈演愈烈，世界变成了一个地球村。特别是近几十年来网络通信技术的大发展，彻底突破了传统的地域局限，使垄断变得越来越容易、越来越迅速，不留死角全覆盖,不同区域的同质产业已出现固化趋势。老字号的垄断性技术企业一看到新市场就瓜分,几乎不给后起者留下赶超的时间和空间。中国的汽车工业就是很典型的例子,改革开放40多年来五花八门的汽车新品牌出现在四通八达的公路上,但这些合资品牌的背后一直是屈指可数的那么几家汽车业的国际寡头,想另起炉灶谈何容易。

不仅老字号固化,新兴技术产业的垄断格局也在飞快形成,企业嫩芽初绽、百花齐放直至长成一棵棵参天大树的局面,越来越难以再现了。譬如中国的网络信息产业,在短短20年间形成了BATJ(百度、阿里巴巴、腾讯、京东)等巨头及一批次巨头,当年的马云可以白手起家一路冲顶,如今这个领域还能有初创企业一步步做大做强跻身巨头行列吗,恐怕难于上青天。只要这个领域有新业态一露头,立马就会有巨头次巨头将其收购到旗下,这种猛虎扑羊般的迅捷收购,是近年来垄断经济出现的新动向。小微企业雄心勃勃的技术创新,往往在萌芽状态就一下子羊入了虎口,看似得到了大资本的迅速扶持,实则扰乱了小微企业静心研发的步骤和心态。我在广东曾接触过孵化器里一些小有成就的企业,初创时大都干劲十足精进不休,等拿到了几项发明专利有了点起色后,要么很快融资要么直接被收购,接着里里外外或多或少的摩擦也就跟来了,结果研发效率大大降低,甚至不欢而散就此止步。这种状况在万众创新的今天并不少见,作为技术创新主力军的小微企业,当下参与的人数虽多却在绩效方面大打折扣,或许这正是快餐时代创新动能不给力,造成近年来全球经济疲软的原因之一。

从科技体发威以来的情况看,刺激经济增长的技术热点还远未枯竭,基础研究"触顶"并不影响原有积累的继续应用,至少IT技术的红利还没释放完,生物技术的开发更是方兴未艾。按理说经济发展本该一路高歌而不是一蹶不振,但偏偏这个时候却出现了持续低迷,技术创新的乏力不能不归罪于垄断魔咒。事实上,垄断的长臂随着全球化的迅猛展开而无所不在，我们的地球村再也没有哪个局部角落能成为世外桃源，可以靠公平普惠的技术竞争而异军突起了，技术创新的潜能受到了前所未有的压抑。换句话说，科技体在遍布全球的垄断魔咒作用下，施展拳脚的空间越来越小，也许极限快要近了。罗马俱乐部当年预测的增长极限[49]，主要是担忧地球资源会很快耗竭，还指望着科技进步能摆脱困境呢，他们万万没料到，地球资源还没到耗费殆尽的一天，科技本身的增长极限反倒可能先出现。当然，事物的两面性也是显而易见的，增长极限到来的同时也意味着垄断极限的降临。这一点从IT技术的长远发展就不难理解，人类文明创造的数据量正以指数型的速度在急剧膨胀着，地球上再大容量的数据存储介质迟早也有趋近极限的一天，到那时候没有哪个中央服务器还能控制着无限膨胀的YB（尧字节，1亿亿亿字节）级信息量，走出地球也是必然的选择。

长期以来，技术创新一直被认为是打破垄断的灵丹妙药，这在地球上百多年来也确实屡见成效。然而发展到现在，技术创新虽然还在如火如荼进行着，但我们似乎碰到了一个创新悖论，那就是，科技体一天天强壮而创新却一天天变得更难。这些年人们对传统意义上这剂灵丹妙药日益失望，不得不呼唤"颠覆式创新"来撑腰打气，试图强化药效。可是问题在于，不同层面上的颠覆式创新好不容易跑出来一匹黑马，但一出现又会迅速形成新的垄断。现实情况明摆着就是，黑马越来越稀少，垄断却越来越迅猛，创新道高一尺，垄断魔高一丈，搞得人们心浮气躁陷入了不良循环。

当今的垄断魔咒好像比过去箍得更紧了，以前的灵丹妙药正在失效，孙悟空很难跳出如来佛的掌心。当前正处在新技术风口浪尖上的信息通信业很有代表性，移动通信技术从4G到5G短短几年内迅速迭代即将广泛商用化，然而这一过程并没见黑马冒出，技术标准始终由行业的国际巨头们在主导，这在世人眼里已是天经地义的事。不仅中小企业的创新身影见不到，就连通信设备的跨国巨头华为和中兴，也遭到了以美国为首的所谓"五眼联盟"及追随者的明显打压，要突破这个行业40年来形成的全球性垄断格局谈何容易。

在这个"山重水复疑无路"的时刻，事情也正在悄悄发生着变化，"柳暗花明又一村"的征兆已现端倪。5G通信是一场融合创新，超高速的信息流量既推动着大数据分析和人工智能的发展，也将真正实现智慧城市、自动驾驶、万物联网等多种多样的服务，带来的是一场社会生活的全方位改观。人们对各领域随之而来的又一轮技术创新倾注了足够关注，其实更应当注意的远景意义在于，通信技术的基础架构将逐渐实现天地间的对接，朝着大一统趋势走向地外。此前包括4G在内的移动通信网络都以遍布四处的蜂窝基站为主，低成本的终端设备既没有传输毫米波的需求，也没有相应使用多天线技术的需要，但高速率、低延时、广连接的5G必然涉足毫米波的频段，这与高成本的卫星通信就有了频段上的重合[50]。"卫星+5G"逐步取代地面基站的功能在技术上迟早能实现，不管它用不用6G的说法。

因而5G通信带来的万物联网，实际上也是把地球万物联向太空的开始，这套基础架构将成为人类由壳内向壳外伸展的基本关节点。现阶段卫星轨道和频段资源的垄断性争夺看似着眼于地面通信需求，实则是未雨绸缪在为出壳做准备。可以说，5G发展的未来走向体现的正是科技体引领人类出壳的大势所趋，信息通信技术在这一过程中既延续着高度垄断，也意味着将要面临出壳的全新格局，地外与地内显著的分水岭即将出现，垄断魔咒很可能就此被打破。当然，出壳初期在月球上会先有一个大开发的时期，惯性沿袭到月球上的各种垄断还会继续演绎一阵子，但秋后蚂蚱蹦跶不了多久，也许月球就是人类社会的垄断魔咒最后的挣扎之地。

无论对哪个行业来说，破壳而出这样一种前所未有的大转折，要面对的都是浩瀚无垠的宇宙太空，"跑马圈地"那一套是玩不转的，从太空采矿业起步就将看到这点。就空间格局而言，小行星带这个未来的主矿区是个内径约4.3天文单位、外径约7.3天文单位的环球状天区，那里足以容纳上千个地球。50万颗小行星加起来的总质量只跟地球差不多，就分布在那样一个广阔的空域，行业巨头们就算一起上阵想瓜分也是鞭长莫及的。即便是前期想要勘测的近地小行星，那一个个也是忽而近在咫尺忽而远在天边，同样也不可能被巨头们霸占完。

就技术层面而言，至少在出壳以后百年或更长的时间内，人类还难以做到在小行星带随心所欲地纵横驰骋。各方面的技术跟进非一朝一夕能完成，别的且不论，远程的即时通信手段恐怕就跟不上出壳后的强烈需求，起码到目前为止，人们还没有找到比电波更快的通信载体，甚至连原理上的可能迹象都没发现。在小行星采矿及原位加工制造业崛起之后，接下来的生产活动要迈向更遥远的星球，木星、土星、天王星、海王星的诸多卫星，甚至柯伊伯带都是未来的目标，迟滞的通信联络会让独掌一方变得愈加不可行。如此看来，地球上百年来越箍越紧的垄断魔咒将会在太空彻底失灵，长期困扰世人的"心头之患"终于有了一剂解药。

然而这并不是一件尽善尽美的事情，垄断在太空的失灵不以人类的意志为转移，但也必然会伤及无辜，对长期以来形成的合理的独占权利造成冲击。譬如普适的专利制度，其本质是以公开换取保护，通过赋予技术发明者的独占特权达到鼓励技术创新的目的，这项行之有效的社会制度对科技体的发展壮大一直起着举足轻重的作用。可是，一旦地外产业蓬勃兴起，公开的专利技术也就失去了保护的时空前提，在天高皇帝远的太空各个角落，技术侵权很难察觉也很难遏制，等到被发现可能已时过境迁黄花菜早凉了，甚至永远无法发现。因此，对垄断的彻底失灵要尽早认识其负面影响，以更高超的智慧顺应科技体出壳发展的新形势，促进地外产业走上良性循环之路。但不管怎么说，出壳后将形成旷日持久的太空自由经济，垄断日益失灵是必然的，分散竞争是大趋势。

3.　史上最牛气的基础设施

人类受益于科技体不断壮大，在地球上创造了丰富的物质文明，各种大型化、复杂化的人工设施一天天出现在人们面前。假如牛顿时代的人能来今天看一看，他们一定会惊得目瞪口呆，以为穿梭到了另一个文明程度更发达的星球。摩天大楼、大型机场、石油天然气管线、超高压输电、海底隧道、高速公路网、铁路网等等，这些宏伟瑰丽的设施都是科技体近百年来的杰作。如今大型基础设施的建设速度，还在以突飞猛进的态势发展着。集光、机、电、液、传感、信息技术于一体的大型盾构机，数天内挖掘出一条百米长的隧道已不是什么稀奇事，这在几十年前还是难以想象的。最近几年，一个超大型的"红旗河"建造方案一直在坊间流传着，这项脑洞大开的西部调水方案横亘半个中国，要将青藏高原东南部丰沛的水资源引往干旱缺水的新疆等西北地区，设想的干线总里程约6 000千米，高程落差约1 500米，年调水总量达600亿立方米，是一项前无古人的浩大水利综合工程。姑且不论"红旗河"方案的出处背景，提出这种想法的前提在于，现代技术已经具备了比打造三峡枢纽大坝更壮观的工程建设能力，而且这种能力正变得日益强悍。

过去人们偶尔见到"火柴盒"式的摩天大楼时，总会忍不住抬头仰望仔细打量一番，现在却已司空见惯，连看都懒得多看一眼。20世纪90年代去过芝加哥的人可能都知道，西尔斯大厦那会儿还被当地人号称是世界第一高楼，后来再去的人很快就听不到这种吹牛了。随着高层施工平台、深基坑施工作业、垂直运输、混凝土泵送、钢结构安装、抗风及防震等建造技术的不断进步，像西尔斯大厦这样的高楼，如今在世界各地的大都市里已指不胜屈，而且姿色各异彻底告别了"火柴盒"模式。2012年我去马来西亚石油科技馆参观的时候，那里陈列着全球排名前十位的最高建筑的图像，吉隆坡的双峰塔当时排在第四位，但短短这么几年过去就已跌出了前十。仅中国目前已建和在建的超过双峰塔高度的摩天建筑，就不止10座。每当人们登临摩天大楼之巅，对于人类改天换地的能力之强，对于工程技术的进步速度之快，可能都会感慨良深，由衷赞叹。其实不仅仅是那些高耸入云的大厦，当今世界上蔚为壮观的人造设施还有许许多多，譬如阿联酋的"朱美拉"棕榈岛、日本的神户海上城市、俄罗斯的"和平"钻石洞穴、欧洲地下百米深处的大型强子对撞机、中国的港珠澳跨海大桥及世上最大口径的射电望远镜等等，身临其境都会令人感到震撼。

然而现有技术打造出来的这些鸿篇巨制，跟出壳所需要的基础设施相比，那就相形见绌了。

出壳的基础设施建设首要解决的是"出"的问题，能有一天摆脱现行低效烦琐的火箭运输方式，直接建立从地面通向大气层外的"太空天梯"那是再好不过了。齐奥尔科夫斯基早在100多年前就提出过这样的设想，他想象的太空天梯是一座直入云霄的高塔，虽然这是一个很美好的梦想，但实际上在物理学的抗压性原理上是不可行的，高塔建得太高必然会被自重压垮。1979年英国科幻作家克拉克提出了另一种大胆设想，用缆索一头连着大气层外静止轨道的装置上，另一头悬垂连接到地球上，沿着这条缆索可以开通超级升降机。这种"悬链"式的太空天梯一开始也被认为是异想天开，哪有足够坚韧的缆索能拉伸到3.6万千米高的静止轨道上？做点简单的理论计算便知，世上根本不存在这种拉伸强度极高且密度极低的材料。但是，自从1991年发现碳纳米管以后情况发生了变化，这种由六边形排列的碳原子构成的层叠状同轴圆管，其强度是钢铁的上百倍，而质量只有钢铁的六分之一，有望制成一种质地轻且拉伸强度高过任何材料的超级纤维。特别是进入21世纪以来，碳纳米管的技术研究不断取得新进展，"悬链"式天梯让人们日益看到了希望。NASA在2005年抛出了所需超级纤维的数据，按照他们的预期，缆索的拉伸承受能力至少要达到7.5GPa（吉帕斯卡）的强度，并且纤维单体要能够结成缆索束。

碳纳米管

　　就在全球材料学界一直翘首以盼的时候，2018年5月14日*Nature*杂志爆出了一个振奋人心的研究成果，中国清华大学成功研制出了拉伸强度超过80GPa的碳纳米管管束[51]，这个结果远远超出了NASA对拉伸强度的预期，被认为是朝着太空天梯迈出了重要的一大步。现在尚未突破的技术瓶颈在于，随着碳纳米管从微观尺度向宏观尺度的增长，其强度和韧性会逐渐下降，目前在实验室里只能做出几厘米长的超级纤维，更长的抗拉伸缆索还造不出来。尽管如此，人们对碳纳米管缆索的期待已不再是科幻，美国、俄罗斯、日本、中国都在跃跃欲试着手前期研究，日本的"大林组"建筑公司已经高调宣布，要在2050年建成名为"东京天空之树"的太空电梯，并已发射了两颗卫星开展专项太空实验。

　　当然，"悬链"式太空天梯还涉及移动载荷、电梯动力学及轨道防护等诸多技术问题，因而也有人认为这是遥遥无期的事。但脱离地球看一下，如果在月球上建"悬链"式天梯则情况大不一样，毕竟月球的引力只有地球的六分之一，所需材料的拉伸强度、缆索长度都要小得多，也就更容易实现。随着即将铺开的登月热潮来临，太空天梯的建造很可能在月球上先行一步，这样可以省掉登月舱和复杂的起降环节。与此同时，月球开发必将带动一些新的太空设施建设，这些漂浮在太空的设施之间也有交通连接的需求，用柔性的缆索解决彼此间的交通往来或许是节能而便捷的办法之一。有了这样一些超长缆索的建设基础，技术积累会不断推进，再回头打造地球上的太空天梯终有一日将成功。出壳所需的这些基础设施无论哪一项，都将是有史以来最宏伟壮观的人造工程。当今世界上最高的建筑"哈利法塔"还不足千米，若跟3.6万千米高的太空天梯相比实在是小巫见大巫。

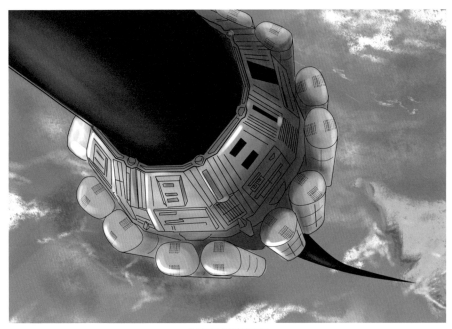

太空天梯构想图

几十年前中国改革开放之初，很多偏僻的乡村融入外界时，总结出来的一条经验是"要想富，先修路"。这个朴实的道理，对人类出壳看来也是适用的。太空电梯只是解决交通问题的其中一个方案，而且可能有个"先月后地"分步实施的过程。在近期内飞出大气层外的主要交通工具，还是要靠传统运载系统的优化升级。实际上这方面的研制工作一直在进行着，继航天飞机之后，能在普通大型机场上起降的空天飞机将在未来十几年内投入使用，目前美国、中国、俄罗斯等主要航天大国都在开展空天飞机的研制。预计出壳早期随着运输需求的不断增多，空天飞机会越来越像民航班机一样穿梭往来于地空之间。

然而这幅场景即使真的出现，也并没有实现运输技术上的实质性突破，空天飞机说到底依然是"披着飞机外衣的火箭"。我们希望能看到的另一幅场景是，空气动力飞机能够穿出平流层甚至中间层进入亚轨道，与大气层外的"悬链"实现交汇，先用这样一种衔接式的太空天梯解决大规模运输之需，也许更可行。与建造一步到位的通天道路相比，这种方案的技术难度将大大下降，一方面对超燃冲压发动机的研制要求，只要按低限目标标准能把飞机送上去即可；另一方面太空"悬链"不进大气层，对缆索材料和电梯的技术要求也会相应降低。实际上，交通基础设施的建设归根结底取决于运输技术的发展，人们在地面上坐汽车去火车站、飞机场换乘早就习以为常了，把这种衔接模式搬进太空也是迟早的事。"道路千万条，有车第一条"。对出壳来说，现在的运载火箭可能就相当于人们早年使用的马车，等到更先进的"火车""汽车""飞机"一出现，就必然会有"铁路""高速公路""机场"等大工程设施的陆续登场。

最早迎来的地外大手笔工程，将是月球基地的建设，这估计在未来10年内就会启动。美国重返月球的目的绝不是为了故地重游，而是要建立永久性的月球基地。NASA披露的月球基地建设蓝图，最终是要建成一座占地面积约8千平方米的圆形多层建筑物，由厚厚的混凝土建造的屋顶外面再覆以月土，墙壁分为内外两部分并且中间要夹杂月土层，壁厚近5米[52]。建这样一个"大碉堡"似的外壳，主要为了防宇宙射线及陨石的撞击，同时建筑物底部还要建个大型防空洞，万一遇到大气外泄等突发情况时人们可以躲进去避险。美国要建的这个基地，实际上是一座可供上千人居住、生活的月球城。一旦这个基地成功建起来，不仅会积累技术和经验，而且会带来更多的月球设施建设项目。中国、俄罗斯、欧盟等太空大鳄的登月计划目前也都在紧锣密鼓进行着，虽说这些国家的载人登月尚需时日，但不会像美国那样登月半个世纪后再回过头去月球建基地，而是一系列连贯动作步步推进，各自兴建月球基地的时间表跟美国基本上是同步的。如今的月球就像个亟待开发的新大陆，人们不久就能看到，在月球上会逐渐掀起一股兴建各类生产、生活、旅游、娱乐等设施的热潮，这将是人类历史上首次在地球以外大兴土木的壮举，这一过程可能要持续百年之久。

与此同时，太空驿站的建设很快也会摆上日程。在太空天梯出现之前，走出大气层仍是颇费劲的事，要让人们前往更远的目的地，刚一出大气层先歇歇脚喘口气是必要的，因而在地球周围兴建一批太空驿站是少不了的。当然，对出壳的人们打尖来说，月球无疑是够大够踏实的驿站，而且对远行将起着最重要的中转枢纽作用，但它毕竟距地球有38万千米之遥，更主要是为远赴深空的人提供服务，而不能完全替代近地驿站的作用。尤其是出壳早期，更多的普罗大众还没有远行的需求，以近地活动为主可能也要持续几十年，驿站便是重要的活动场所。建造一批悬浮于太空的近地驿站，这在基本的硬件和施工技术方面并没有太多难点，有多年建设空间站的经验积累和蓬勃发展的3D打印等技术支撑，剩下的只是有效进行商业运作的问题。出壳之门一旦开启，近地太空驿站的建设肯定与新兴的太空旅游、农业、仓储、科研等行业一并展开，一大批形色各异、功能不一的"太空岛"将陆续出现在地球四周。

太空驿站的不断增多，将带来彼此之间通行来往的新需求，相应的交通设施也必然要建起来。相隔较近的太空驿站间可以用缆索连接，靠缆车或廊桥实现交通运输，相隔较远则还要靠飞行工具解决问题，太空环境下的怠速动力推进新技术会应运而生，专门用于大气层外近地穿梭的各种便捷飞行器，以及地外飞行导航技术等也将问世。这样一来，地空之间的主干交通和太空驿站间的便捷交通，迟早要建成两套不同的运输系统。这些近地太空的基础设施，随着技术的不断成熟将一步步向深空推而广之。太空采矿及原位加工制造，无疑也需要建造配套的基础设施，技术推广的不利因素可能在于设施分散、建设成本过高；有利因素则是可以就近取材，脱离了地球引力后工程建设难度也会相应减小，起码建造火星上的太空天梯比在地球上要容易得多。

小行星带的采矿业一旦蓬勃发展起来，走向深空的人将日渐增多，人们总生活在航天器里终究不是长久之计。因而对就近的星球进行宜居性改造，是不得不考虑的事情，也是着眼于更远将来的需要。火星的宜居性改造早就被人们设想过，然而从科技体现有的能力来判断，对火星及木卫二、土卫六等大星球的宜居性改造至少在数千年内还难以实现，这不是现阶段急于探讨的事。然而对小行星的改造则并非天方夜谭，多年以前的设想正在成为科技界的一些预研项目。有关的理论和实验探索主要围绕着两个方面进行，一种方案是把小行星改造成能飞行的"星舰"，另一种方案是改造成有重力的"殖民点"。这两种方案要解决的共性技术，都先要把小行星的内部掏空，在其中建立一套微型的生态循环系统，以供人们长期居住。实际上，美国20世纪90年代的"生物圈二号"试验和中国近年来的"绿航星际""月宫一号"生态模拟舱试验等，都是在进行封闭式人工生态系统的技术探索，这类研究已开展多年并取得了动植物生长、种群变化、废物处理、农业生产等方面的一系列重要成果。虽然碳氧氮的平衡、水的循环利用等方面尚未取得最终突破，但这些暂时的技术缺陷在当代突飞猛进的生物学面前不会成为无法逾越的障碍，等到小行星改造那会儿很可能已迎刃而解。

把一些小行星改造成"星舰"，关键要解决飞行动力问题，而这点构不成"卡脖子"的技术难题。《流浪地球》里描绘的一万台离子发动机推动地球的场景，若是用在小行星上就是杀蚊子用牛刀了。大小不一的各颗小行星跟地球的块头相比全是微不足道的，可用于建造"星舰"的小行星大都在几十米至几千米长宽，用数台当今的大功率火箭发动机就足以推动。若是受控核聚变动力在二三十年内能顺利变现，那就连传统推进剂的沉重载荷都能省去，"星舰"的长期续航能力也将大大提高。不久前，荷兰Delft理工大学与欧洲宇航局合作，启动了名为"发展中的小行星星舰"的计划，这个预研项目就是为了打造一款能操控飞行的小行星，这也意味着"星舰"建设已从坐而论道转入前期行动。小行星采矿有朝一日干起来，这样的"星舰"建设必将随之加快推进。

打造小行星"殖民点"的设想也由来已久，选择一些尺寸适宜、强度符合的小星球把里面掏空，人们或许可以在这种空心球的内壁里长期生活，甚至繁衍生息。对早期出壳的人们来说，长期失重的环境对机体健康构成了巨大威胁，这恐怕不是几代人的适应就能轻易完成进化的，因而太空"殖民点"需攻克的一项关键技术就是要创造必要的重力。按照爱因斯坦当年关于四种基本力大统一的构想，把电磁力转化成重力当然是最理想的解决办法，但统一场论假说提出近100年来毫无建树，用这个办法创造重力在短期内恐难实现。

现阶段有可能的"笨办法"是，通过离心力来创造人工重力，这也是科技界很多人早已想到过的。最近有报道说[53]，维也纳大学天体物理系的三位研究人员经过精确计算认为，让小行星旋转起来就可以在其内部形成人工重力，打造有重力的"殖民点"是可行的。只要让一颗直径500米左右的小行星每分钟自转两圈，其内壁"赤道"附近的离心力就跟地球上的引力相差无几，人们便会感觉到习惯重力的存在。对空心球内部来说，这样的人工重力是不均匀的，内壁的纬度越高则离心力越小，但这未必是件糟糕的事。应该看到，人类出壳以后还要一步步走向更远更多的星球，适应不同重力环境的自然进化会慢慢发生，不均匀的重力对长远进化是有利的。即使短期内不考虑进化因素，不均匀的重力也可用作人们生活的调剂，可以在高纬度地区兴建疗养和娱乐等设施，或许空心球内比地球上的单调重力生活更加丰富多彩。

当然，把小行星打造成既是"星舰"又是"殖民点"也是可行的，那就建成了一个个可移动的新家园。我们不必用"流浪"二字来形容，因为在地球毁灭之前我们依然还有个"老家"。如果成千上万的小行星实现了这样的宜居性改造，亿万地球人可以在那里生活、旅游、定居，那可能就是我们苦苦寻求的"第二家园"，也是建造出了可供人类避灾、退守的"诺亚方舟"。在可预见的未来，还有比这更壮观的人造设施吗？

4. 科技体的失重化发展

2018年3月14日史蒂芬·霍金溘然长逝，一时间泰山其颓哲人其萎，全世界齐声哀悼，人们不分种族、肤色，不分贫富、信仰纷纷在网络上各抒胸臆，共同祭奠这位身残志坚的著名物理学家。那段时间，缅怀霍金成了全球最大的社会热点，令同期的重大国际事件黯然失色。

这幅场景在科技体壮大之前是不可想象的事，也从一个方面反映出科学家在当代有着举足轻重的社会地位，早已成了"第一生产力"的化身。换句话说，科技体在发展壮大过程中，外部社会渐渐赋予了它足够的"重量"，包括科学家角色在内的方方面面。到如今，"科技"已成了个无比崇高而神圣的字眼，说是人见人爱一点都不错。谁都知道，科技让人类社会变得一天比一天美好，科技让人们活得更长命更潇洒；谁都知道，科技代表着真理、智慧和力量，代表着高大上，要不然现在哪会有那么多滥竽充数的企业冠以"科技公司"之名，那么多鱼龙混杂的产品号称"科技产品"，就连那些"大忽悠、小喷子"也都要弄顶"科技专家"的帽子戴在头上。总而言之，"科技"代表着可信、可敬、可靠；"科技"就是真善美的化身，它在与宗教、迷信、巫术的长期对决中已明显占据了上风，如今对全人类的社会意识起着主导作用。

然而，科技体长期积累的这种外部附属"重力"，在出壳以后将会慢慢衰减，"上风"有可能转为"下风"。其道理说来并不难理解。人类认识和改造世界的初心是永无止境的，在地球上，只要有未知未触的领域存在，科技体就会不断去占领，从而对宗教、迷信、巫术等非科技因素形成持续挤压，使其存留空间一点点缩小，这才有了科技的日益辉煌。

即便是这样，科技体形成300年来虽然占据了上风，却也无法把非科技因素赶尽杀绝，你有相信科学的自由我也有相信宗教的自由，你愿意用技术解决我却愿意用巫术折腾，存在总有其合理性，除非未知未触的领域彻底消失。然而出壳以后未知未触的领域不但不会消失，反而会骤然增多，广阔太空的不确定性，会给宗教、迷信、巫术等提供重整旗鼓的契机，有可能风头盖过科技体而空前活跃起来。譬如古老的占星术，在人类"靠天吃饭"的漫长发展岁月里曾是一种主流现象，后来随着哥白尼革命而一蹶不振，虽然至今还有一定市场却早被晾在了边缘。出壳以后的情况则不同了，人们无疑会在太空观测到更多更细的星系运行图景，这将为占星术提供取之不尽的丰富素材，星体之间的距离、夹角、运转轨迹等数据都可能成为占星术新的理论来源。再加上大数据技术也可能起到的推波助澜作用，把历史上的大事件、名人生卒时间等与星图素材作精确的对应，又会找到大量的占星依据，从而让越来越多的人"眼见为实"，趋之若鹜。到那时，科技体恐怕难以阻挡占星术卷土重来的复兴，即使不再沦为替人作嫁衣的"婢女"，也起码会大大削弱如今的强势地位，这或许是人类文明的螺旋式前进在科技体身上的反映。

如果说科技体外在的附属"重力"有可能减弱的话，那么出壳以后更明显的变化，则是其自身运行的"失重"。

其实在科技体形成以后的发展历程中，300多年间从来就不是"匀速直线运动",在空间上它呈现出"此起彼伏""潮涨潮落"的特点。在同一个历史时期,科技体总是会在一些国家运行得比较顺畅,也总有个别国家异常活跃,成为世界的"科学活动中心"。而在另一些国家则发展缓慢,甚至停滞不前。20世纪中叶,科学社会学家贝尔纳首先察觉到了这种"轻重不一"的现象,得出了"科学活动的主要区域随时间变化而更迭"的观点[54]。随后,日本学者汤浅光朝通过对史料文献的定量分析,提出了"世界科学活动中心转移"学说,他认为"科学活动的活跃时期比起每一个国家的历史要短得多,就如同玫瑰花和少女很容易丧失自己的青春一样"[36]。汤浅光朝的这种比喻,引发不少学者一直在探讨所谓的"转移规律"。现在看来,贝尔纳和汤浅光朝在当时主要依据基础性科学的发展而得出的结论,扩展到科技体去理解才更显完整,这样对一些现象才能解释得更加合理。例如19世纪末20世纪初,德国在理论和技术方面的研究成果都是全世界首屈一指的,而科技体在美国的运行则更顺畅更活跃,福特汽车能迅速抢过本茨"师傅"的风头就是一个典型的明证。这表明科技体还有着"科学活动"所无法涵盖的丰富内涵,"科学活动中心转移"现象实际上意味着,科技体在成长过程中是存在"重心"的,而且这种"重心"并不稳固,会随着发展而有所迁徙,有所移动。

事实上,科技体早在萌芽之初,其"重心"就出现了。1.0时代的科技体主要体现在科学单倍体的变革,首先冒出来的"重心"落在了意大利。以伽利略为代表的一批科学巨匠,乘着科学革命的东风,继承和发展了古希腊的科学文化,开创了实验科学的新时代,使意大利成了整个欧洲科学活动最主要的舞台。但是,随着伽利略、布鲁诺等人遭到教会的残酷迫害,科技体落在意大利的"重心"驻留了大半个世纪之后,便摇摇晃晃不稳了。从17世纪末开始,科技体的"重心"慢慢迁移到了英国。后来随着牛顿的谢世,科技体的"重心"又开始在欧洲摆荡,先后落在了法国、德国。再后来,"重心"漂洋过海又落到了美国,直到今天。

这种"重心"迁移现象的内在原因，只能从科技体成长壮大的过程去理解，其实就是一句话，顺之者兴逆之者衰。离开科技体演化去探讨"科学活动中心转移规律"早该省省心了，通俗的解读就是风水轮流转，是羊群向"草肥水美"之处的聚集效应。因此也可以断定，科技体的"重心"虽然眼下仍驻留在美国，但决不会固若磐石，接下来最有可能向哪里迁移？答案并不是"你懂的"。我们必须看到，随着世界日益走向多极化发展，"草肥水美"的地方越来越多，不同国家在不同领域不断形成自己的相对优势，谁都做不到统揽科技领地的所有江湖，一强百强的日不落帝国时代已经远去，科技体的"重心"正在出现分散化的趋势。这可能也是科技体在出壳前夕要经历的一种过渡。

科技体内在"重心"的变化，另一方面还体现在"带头学科"的更迭。实际上科技体从孕育时期开始，就表现出了各学科门类发展的不平衡，我们在前面已谈到过这种"偏科"现象。就是说在同一个时期内，有的学科势如破竹成长迅猛，有些则发展缓慢甚至裹足不前。20世纪70年代，苏联学者凯德洛夫分析这一现象看到了一种"重心"，他认为科学发展在每个历史时期，都会有某一个或一组学科起到领头带动作用，并对其他学科的发展产生重要影响，历史上的力学、化学、原子物理学等先后都担当过"带头学科"角色，引领了整个自然科学的发展[55]。他甚至还给出相应的数学公式，描述了"带头学科"加速更替的规律，即从17世纪算起，"带头学科"的带头周期依次为200年、100年、50年、25年等等，呈倍速递减的趋势。

凯德洛夫这种理论提出后，一度引起过学术界热捧，但后来人们发现，"带头学科"的概念并不清晰，也不符合学科日益交叉融合的实际。加速更替的规律更是经不住仔细推敲，假如真的这样递减，发展到今天就会分分秒秒出现新的"带头学科"，所谓的"带头"只能是稍纵即逝。这显然是荒诞不经的，因而"带头学科"理论遭到许多质疑，慢慢已被淡化了。近年来，有人甚至认为"带头学科"是一种历史误解，应该清除这种理论迷雾[56]。但是，跳出自然科学门类的视野局限，从科技体的角度来审视，"带头学科"的理论原则是站得住脚的，即使就眼前的事实来看，微电子理论技术在当今起到的龙头带动作用也是显而易见的，"带头学科"不是历史误解而是一种客观现象。换句话说，科技体演化从开始到今天，其内在的这种"重心"一直顽强存在着。

随着出壳时代到来，科技体将在广阔的太空全面伸展，以往从各个视角看到的"重心"逐渐会分散、弱化，直至消失。可以预料，一旦施展拳脚的空间猛然放大，人类的心智思维和技术触角也必然大增，科技体迎来的失重化发展将呈现出四散开花的局面，哪个领域都是"重心"哪个领域又都不是"重心"，这也许是对天然失重环境的一种呼应吧。就基础研究而言，各学科领域全面进入独特的太空环境，研究视野和内容将得到极大拓展，天文学、地质学、物理学、化学、生物学（传统的五大类学科）都可能取得振奋人心的突破，颠覆性的科学理论必将出现。

天文学和地质学无疑会很快取得大量新发现，虽然在过去几百年里人们一直不懈努力着，但憋在地球上的观测研究毕竟受到无法突破的局限，天体地质形成演化的许多假说都还没得到证实。即使最近几十年发射了一些太空探测器，那也是东鳞西爪就近触到点皮毛而已，甭说遥远的星系了，就连我们对自己太阳系的认识也还是一知半解，没弄明白的问题多的是。出壳伊始人类的整体触角将由近及远向深空步步推进，至少对太阳系演化的来龙去脉、对地球构造的形成过程会有越来越清晰的认识。现在的关于太阳系起源的各种假说，包括主流的星云假说在内，对太阳系有序结构的形成、行星的物质来源等关键问题的解释都还存在着重大缺陷。例如星云最初是怎样旋转起来的，太阳系的角动量分布为何极端反常等等，至今谁都讲不清楚。因此，出壳以后突破现有的认知水准是必然的，甚至完全颠覆星云假说都是有可能的。

物理学和化学也将出现新的曙光，或将迎来雨过天晴的局面。关于基础科学停滞的说法，反映出的正是人们对物理学和化学多年来发展的失望，其主要原因在于我们难以更深入探明物质的微观状态及运动规律，譬如只大概知道"量子特征"，却不知所以然。为此人们在地球上绞尽脑汁，建造了大型强子对撞机、散裂中子源、冷原子实验室等，试图一举揭秘而产生飞跃性认识，这种"高投入低产出"的研究模式，步履蹒跚似乎又不得不为之，至今并没有让人看到改变沉闷状况的希望。就连基础物理学大师杨振宁也对巨型对撞机建设项目持强烈反对态度，认为不该在性价比太低的这样一棵树上吊死，甚至还有人认为这是一种投资上千亿元但99%的可能不会取得成果的"超级大坑"[57]。看来，老套路实属无奈却未必行得通，最终还是要靠出壳伸展才能解决问题，这也是科学界近年来已洞察到的大方向。譬如冷原子实验，是要创造出温度趋近绝对零度的超低温环境，研究量子状态下的物质运动，这跟物质气态、液态、固态、等离子态的研究完全不同，所谓的物质第五态（玻色-爱因斯坦凝聚态）要把不同运动状态的原子"冷冻"起来凝聚成同一基态，使之具有完全同一的理化性质，才能摸到量子形态的物质特性。而在地球上无法摆脱引力的作用，原子的运行速度是不可能减缓到"冷冻"状态的，也就难以开展这种实验研究。太空的失重环境则能够提供这样的研究条件。2018年5月21日，NASA发射的"天鹅座"飞船把一个冷原子实验箱成功送上了国际空间站，首开人类到地外进行凝聚态物质研究的先河，这一具有里程碑意义的科学事件给人的启示意义在于，别总在地球上低效率折腾个没完没了，把建造对撞机的钱用在太空上才是更佳选项。然而也要看到，冷原子实验箱进入太空只是迈出了试探性的第一步，近地空间站的微重力、地磁影响，以及空间站内部设备运转的干扰依然不是原子"冷冻"的理想环境。但基础科学研究只要坚持出壳导向，不断走向深空环境，总会有水到渠成的时候，再冒出新的"相对论"、新的"量子力学"相信是迟早的事。

国际空间站

　　生物学在出壳以后可能将豁然开朗，几乎可以肯定会向前迈进一大步。要说也很让人唏嘘，科技体发展至今最严重的"偏科"就表现在，它对生命之外大自然的解读能力已很强，偏偏对我们自身的认识还云里雾里。非生命如何会成为各种形式的生命？人类这个超级物种是怎么起源的？意识的物质基础又是怎样的？这些疑问找不到靠谱答案便说明生物学很稚嫩。我们现在只是知道，生命现象是一种高级运动形式，与物理化学运动是一种既连续又中断的关系，既遵循物理化学的一般规律而又有质的超脱。但生物学的理论解释能力还很弱，经典进化论说不清物种突变的缘由，现代分子生物学也道不明生命的最初起源，况且二者自说自话还不能融为一体形成统一的生物学理论。而且，我们现有的生物学基本知识全是从地球生物而来，比如说生命都是基于碳元素的有机分子而组成的复杂机体，所有生命都离不开液态水，生命活动要靠有机物分解提供能量，等等。

在过去几十年里，人类对太阳系里有可能存在生命的大星球几乎都探访到了，至今没有发现生命存在的确凿证据。然而，用无人探测器按照地球生物知识去搜找，或许铁板钉钉找不到高级生物，但就此得出太阳系除了地球以外不存在生命的结论则为时过早，尤其不能排除低级微生物存在的可能。"橘生淮南为橘，生淮北则为枳"的道理古已有之，地球环境中形成生命的必要条件，未必完全适用于其他星球，至少目前没有科学事实认定，土卫六上也必须靠液态水支撑生命而液态甲烷就一定不行。

就已经取得的探测结果来说，目前在火星、木卫二、土卫六等一些大星球上都发现了一些有机物，出壳以后人们身临其境而不是靠无人探测器的蜻蜓点水，一旦找到有别于地球生物类型的微生物，那么，地外生物学知识将对现行理念起到重大的变革作用。即使按照液态水那样的必要条件，也有可能发现地外微生物。譬如根据近年来哈勃望远镜的观测和"伽利略号"前些年的探测，木卫二的冰层下面是一片巨大的液态水海洋，由于木星的潮汐引力作用，海洋中理应存在类似地球上的水热地质作用，这样的环境很有可能孕育出简单的深海生物。在类似的一些有液态水的星球上，纵使找到的是跟地球上同类型的原始生物，那也是具有重要科学意义的大事。按照"古今一致"的地质演化原则，我们可以旁观地外微生物的进化，这在很大程度上可以弥补生物进化历程无法"倒带"观察的缺憾，据此推断地球生物的发源演变，同样能获得大量新知识，甚至形成颠覆性的认识。再退一步说，就算在太阳系寻找地外生命一无所获，随着出壳以后天文学、地质学、物理学、化学各基础学科的长足进步，生物学也必将顺势受益，在理论上一步步取得新的突破。

由此联想到当今如火如荼的AI研究，很多人被前些年的那只"阿尔法狗"惊呆了，以为AI技术与生物智能的结合已指日可待了，一想到那种人机杂合体的"智神"即将出现自然让人无比兴奋，到时候只要往脑袋上插个U盘什么的，人人都能瞬间成为比爱因斯坦、鬼谷子厉害千万倍的超人了。但转念一想又不对头，少数"智神"可能会控制全世界，人类社会必将出现空前的大撕裂，细思极恐啊。AI研究喜耶忧耶？窃以为这在相当长一个时期内纯属不必要的庸人自扰，在人类出壳之前不太可能出现这样的"智神"。

毋庸置疑，AI会沿着自己的发展路径从"弱"到"强"，也许以后会具有自主或不自主的"为非作歹"能力。但要说"智神"很快会出现，那就是一厢情愿了，莫说是社会伦理不会轻易容许，就技术层面而言也是行不通的。道理就在于，科技体目前"重心"很突出，不均衡演化还很明显，微电子、大数据、算法等AI的基础技术已经并正在迅猛发展中，而相对来说生命科学还远远跟不上趟。尤其是思维意识的物质基础，我们仅仅知道是大脑在主宰着，而其生物学原理几乎还是白纸一张，这样一种现状指望AI与人脑实现技术"对接"，有点太异想天开了。其实AI本身也曾受制于技术不均衡而搁浅多年，早在1956年达特茅斯会议之后，AI的前景一目了然，便掀起了一波研究高潮，但热闹了十几年才发觉相关技术跟不上趟，当时计算机有限的内存、处理速度等都无法满足AI的要求，于是从20世纪70年代初开始的AI研究便跌入了低谷，直到近些年才有了真正意义的复苏。眼下人们期待的"智神"，其学科跨界要大得多，难度也更大，想要在技术上取得成功首先要在脑神经机制方面实现认知突破，而这种突破很可能有赖于基础物理学新理论的出现，那要等到出壳时代来临了。鄙人作为出壳的鼓吹者，预感到也希望"智神"诞生在人类出壳以后，到那时，"智神"会在太空大有用武之地，免得这样的杯弓蛇影过早成真反倒让地球人胆战心惊。

出壳以后不仅颠覆性的科学理论会陆续出现，各种新技术的研发也会像基础研究一样遍地开花。当然，围绕着出壳之初的需要，新型航天器的研制将率先取得重大进展，可重复使用的运输工具、重型大动力运载火箭、空间部署快速响应技术、高超声速飞行器等都是技术的综合运用，对高新技术的拉动将是全方位的。太空基础设施建设、小行星采矿业的兴起，更将激发新技术的广泛需求，这无疑会大大超过历史上任何一场新技术革命的规模，科技体的"重心"将扩散得无处不在，无处不体现。

与此同时，一些长期被憧憬却遭冷落的技术，也将展开实操性的研发。譬如超远程通信是挺进深空所需的重要技术，这个问题不解决会成为人类远行的一大障碍。在地球上甚至地球周围，光速约束下的电磁波通信就能搞定一切，超远程通信技术跟其他类似领域一样，由于缺乏商业及军事价值而鲜有人问津。只有科幻作品中会想到"安塞波"那种即时通信，现实中谁也不肯砸大钱去探索，过去几乎没有这样的研究项目真正启动。传统的物理学理论铁定了不支持超光速通信，但这并不等于信息传输只有死路一条，也许另辟蹊径能找到解决的办法。这跟能量守恒定律否定永动机的道理很类似，理论上不可行但技术上有一定的回旋余地，随着太阳能及无线输电技术的发展，在地球上制造永动装置已不是痴人说梦，尽管这是有限意义上的永动机。实际上，通信技术挣脱俗套也应该能找到回旋余地，随着引力波研究的深入开展，近年来不少人想到了引力波用于通信的可能，这或许就是超远程即时通信的一个技术突破口，起码值得进行探索。虽然引力波也是以光速传播的，但并不排除信息传输另有捷径的可能性。也许，引力波背景下的信息传输未必遵循电磁波的套路，而有其尚不为人知的独特路径。人们应该记得，当年无线电通信问世之初，人人都以为短波通信是没什么前途的，大家争先恐后地发展中长波通信技术，后来才知道短波通信通过电离层反射传播的距离实际上更远。这种历史经验值得注意，有可能在引力波超远程通信技术上再现。

无论是基础科学还是技术应用，科技体出壳以后的伸展再也不是所谓的小科技了，也不仅仅是当今意义上广泛合作的大科技，而是在起点和落脚点上范围更广的超大科技。这样的超大科技一旦慢慢形成了气候，也就很难说科学中心究竟谁属了，不同的研究项目起点出自不同的国家或组织，研究的标的物、落脚点或在月球或在火星又或在金星、水星等等，哪里还分得清中心何在？特别是出壳之后渐行渐远，从小行星带再往深空发展，研究力量、技术热点、探索兴趣等都将大范围分散开来，有的项目要研究谷神星上的海藻繁殖，有的项目要研究木卫二的水源净化，还有的要进行土卫六的考古，哪个领域都有可能取得惊人的研究成果，谁都覆盖不了谁，谁也别想振臂一呼再当老大。这样的研究越来越独特、越来越分散，彼此的研究交集也越来越少，科技体日益"失重"也就成了自然而然要发生的事情。所以现在一些所谓的冷门科技，其实并不会一直长久地冷下去，只要坚守到出壳时代，该热都会热起来的。

5. "太空游"意义非凡

人类出壳与此前的太空探索迥然不同，开启的是太空活动的大众化时代。如果只是一些太空采矿者或者工程建设者的事，那仍会像以往的宇航员一样，还是局限于少数人的专业工作。实际上，出壳是普罗大众从地球上向外太空的大规模涌出，一切要从体验大气层外生活的"太空游"开始，微风徐徐吹，终将刮成狂风，社会生活的方方面面也将一步步向太空迁徙。

对大多数普通人来说，外面的世界很精彩，去体验一下太空生活有着巨大的诱惑力。早在21世纪初，太空游的商业化尝试就开始了。2001年美国富豪蒂托在两名俄罗斯宇航员的陪伴下，搭乘联盟号飞船成功进入了国际空间站，成为有史以来第一位太空游客。蒂托返回地面后高兴地宣称，这次太空旅行是他生命中"最美好的8天"，他为此支付的2 000万美元票价实在是物有所值。接着，南非商人沙特尔沃思、美国富翁奥尔森等人也相继实现了太空游，这下子商业航天公司兴奋了，SpaceX、维珍银河等行业新秀都推出了雄心勃勃的低价太空游项目。想率先过把太空瘾的富豪们也兴奋了，预订太空游座位的游客达到了数千人，其中包括《星际迷航》的主演沙特纳、已故物理学家霍金等知名人士。人们兴奋的一个基本前提在于，普通人不需要像宇航员那样经过严格的系统训练也能上天，这已是个不争的事实。然而直到目前，人们期盼的太空旅游还没有就此掀起热潮，原因就在于：一方面价格昂贵，低成本运载火箭至今尚未成熟，商业太空游还只是"超级富豪俱乐部"的游戏；另一方面传统的火箭运载工具并没有从根本上改观，对普罗大众来说仍有着身体素质承受起降的严格要求。这些因素说到底还是受制于现有技术，通过一步步努力是可以解决的，最终研制出能够穿出平流层的空气动力飞机、缆索电梯或者其他的新型运载工具，太空游的大众化就会彻底实现。

联盟号飞船

其实，大众化太空游的发展目标并非遥不可及。起码我们可以看到，低成本火箭眼下正紧锣密鼓在进行着试验，从"超级富豪俱乐部"过渡到"普通富豪俱乐部"的阶段已指日可待，接下来当然就会向"平民俱乐部"迈进，这要靠颠覆性的新型运载技术。白菜价的太空游迟早会登上历史舞台，从近年来各航天大国对超燃冲压发动机等技术研制的重视程度来看，在今后半个世纪内取得新型运载技术的大突破不是什么奢望。正因为这样，人们前些年期盼的太空游热潮虽然没有想象的那么快到来，但豪情依然不减。2018年9月SpaceX公司又高调宣布，日本著名电商人物、亿万富翁前泽友作将成为首个私人游客，在2023年玩一趟绕月航行。前泽友作已经斥巨资买下了绕月飞船的所有座位（前泽友作，厉害呵，"钱则有座"），他打算邀请来自不同国家的6~8名顶级艺术家一起去月球，与画家、摄影师、建筑师、时尚设计师、电影导演、音乐家们一起分享这次环月旅行。这可是比国际空间站远了几乎千倍的一次太空游，技术上不存在难以逾越的障碍，今后几年内成为现实完全做得到。

环月旅行虽说已有了这样的近期计划，但大众化的太空游一开始肯定不会这么奢侈。据说前泽友作要为这趟环月旅行至少支付2.5亿美元[58]，这种太空游项目不是一般富豪能承担得起，即使将来得益于低成本火箭而降价百十倍，也还是在富豪们之间玩，平民百姓是望尘莫及的。假如从"超级富豪俱乐部"到"普通富豪俱乐部"沿着这样的路径走，太空游的大众化就是遥遥无期的了。因此，前泽友作的环月旅行作为一场炒作无可厚非，太空游的发展还是要由近空到远空，逐步推进才能早日实现大众化。对于当今的富豪游客们来说，挡不住的诱惑就是想体验太空的独特魅力，观赏旖旎的太空景色、体味失重状态下的奇妙感觉、巡天遥看地球风光，这些已经足够刺激、足够新奇了，用不着离地太远，在太空轨道甚至亚轨道上就能办得到，而且很快会有越来越多像蒂托、沙特尔沃思那样的富豪能感受到"最美好的N天"。

未来20年内，第一波太空游的热潮将由"亚轨道飞行"引起，这可以说是初级阶段的太空游。虽然这仍是"钱则有座"还没到大众化的时候，却能够先满足一部分人的要求。这种太空游是采用抛物线飞行方式把航天器发射到大约100千米高度的亚轨道上，航天器达不到第一宇宙速度无法环绕地球飞行，但做抛物线飞行能在太空短暂停留，游客能接近体验到太空游的魅力。目前，蓝色起源、SpaceX、维珍银河等公司正在试验的诸如"新谢泼德号""山猫飞船""太空船2号"之类都属于这种航天器，可以说亚轨道商业飞行已到了呼之欲出的阶段，富豪们一批批体验这种太空游已经可以倒计时了。亚轨道飞行的商业化推广前景广阔，这种初级阶段的太空游照样能欣赏到奇妙的太空景观，还能给游客带来5分钟左右的失重体验，航天器所需能量及飞行成本要则低得多，发射与测控保障也更便捷，而且飞行过载和时速都在正常人体的承受范围内，游客只需简单训练即可上天，准入门槛将惠及大多数人。从此太空游的缺口由此打开以后，亚轨道飞行这种相对低廉的太空体验将会持续很多年，成本一点点降低，参与的人一天天增多，直到越来越多的普通平民也能实现游太空的梦想。

再往后，初级阶段的太空游肯定不能满足日益高涨的体验需求，抛物线走马观花一程、失重5分钟显然是不过瘾的。随着亚轨道飞行一点点让位给普罗大众，"钱则有座"们必然要瞄上轨道太空游。航天器在离地200~400千米高的太空轨道上飞行，观赏到的景色将会更美妙：远处的弧形地平线蔚为壮观，美丽的极光震人心扉，漫天闪烁的星辰五颜六色，每隔45分钟一次的日出日落气势磅礴，宛若仙境的独特风光让人流连忘返。当然，更长时间的失重也会让人飘飘欲仙，充分感受到与地球上完全不同的太空生活。但是美妙归美妙，就目前的运载工具来说，轨道太空游的门槛要高得多，蒂托等人有幸去国际空间站走一遭，除了有雄厚的经济实力以外，还有着过硬的身体素质，绝不是弱不禁风的富豪想去就能去的。也许在今后一个时期内，轨道太空游还是少数"富豪+硬汉"玩的刺激体验。当然，"富豪"这个因素相信不久会逐渐弱化，随着低成本火箭技术的日益发展，将有越来越多不太富的人们实现轨道太空游，人气也必然会越来越旺，这也是太空旅游长期发展的可行性所在。"硬汉"这个因素更要靠新技术去解决，关键在运载技术上要取得大的突破，这需要几十年甚至更长的时间。但不管怎么说，这两个因素各自的化解之道都是通畅的，而且实践摸索也在向前推进中，我们有理由期待，在亚轨道飞行大规模展开的基础上，轨道太空游也必将迎来蓬勃兴盛的局面。

对太空游的经营来说，推出新的旅游项目，比在地球上开辟一个新的旅游点肯定要难得多。如果太空游只是停留在穿出大气层外看一眼的阶段，长此以往就跟地球上的某个常规旅游景点没太大差别了。五日游也好十日游也罢总归就是"到此一游"，地球风光依然如故，日出日落也还是那个样子，省吃俭用去体验一回恐怕很难愿再走第二趟，蒂托估计再也不会去体验"最美好的8天"了。即使以后建起一批批太空酒店式的驿站，那也是大同小异，仅靠太空景观和失重体验慢慢就会失去吸引力，让人觉得太空游也不过如此，潇洒走一回此生足矣。

然而轨道太空游一旦铺开，决不会长期限于观赏风景、体验失重这么单调。实际上，太空旅游项目的开发难度虽大，却比地球上施展拳脚的舞台要大得多，脑洞稍稍开启就能折腾出各种新花样来。譬如体育比赛可以在太空驿站上进行，地面上现有的奥运项目，很多都可以移植到太空去开展，失重状态下的竞技效果绝对博人眼球。近年来国际空间站的宇航员们别出心裁，开展的一些体育比赛新颖有趣。2014年巴西世界杯前夕，NASA宇航员在美国舱段就开展过一场即兴足球赛，他们使用一个非正式的小足球踢得津津有味。2018年俄罗斯世界杯前夕，宇航员们在日本舱段用一个标准的官方足球展开了一场比赛，在漂浮中踢球饶有兴趣。2017年以来美国宇航员还在空间站开展过橄榄球投掷比赛，与俄罗斯宇航员对阵还开展过羽毛球双打比赛，等等。

太空踢足球构想图

这些娱乐性的比赛尝试现在虽然是为了宇航员们调剂身心，将来必定会发展出真正意义上的太空竞技赛事。目前有奥运会、冬奥会，以后肯定还要出现"空奥会"，而且还会产生适应太空竞技的全新比赛项目，地球上的平面竞技场转变为失重状态下的立体竞技场，说不定足球和篮球可以合并起来，在太空手脚并用玩起来别有一番情趣。再往远一点看，月球开发兴起以后，月面弱重力环境下的体育赛事，无疑更具有竞技市场开发价值。其实早在1971年，美国著名宇航员谢泼德乘坐阿波罗14号登月时，就挥杆一击，玩过一次高尔夫球。虽然那只球打飞得不知去向，但这次举世瞩目的"太空击球"为后人开展月球体育赛事留下了丰富的遐想空间。人们可以期待，即将掀起的新一轮登月热潮必定会在"太空击球"的基础上，一步步朝着开发竞技体育项目的长远目标迈进。

无论是在近地太空驿站还是在月球上，太空体育项目只要设计得像足球或NBA那样具有足够的吸引力，地面的观赏及博彩市场无疑是巨大的，尤其是在娱乐倾向日益盛行的年代，这会倒逼"钱则有座"的太空游格局发生实质性改变。莫说是综合性的太空奥运会了，即使单项赛事一旦开展起来，太空游的主力军就会很快从富豪转向太空竞技的专业运动员，这将是大众化的太空游到来之前必经的一个时期。像体育比赛这样的太空游新花样，无疑将拉动各方面更多的需求，有越来越多包括产业界、娱乐界在内的专业精英挺进太空，对于航天运输工具的技术改进、对于大众化的太空游必将起到有力的推动作用。

因此，人类走出地球的步骤，可能将沿着个别宇航员太空游－少数富豪太空游－大批专业精英太空游－大众太空游－普遍出壳，这样五个阶段推进。少数富豪的太空游已经开始启动，我们现在正处在从少数人向大众化迈进的早期，可能这一过程要延续到21世纪末甚至22世纪，但我们期待着太空游风靡全世界的时刻早日到来，因为这对全人类出壳的整体进程具有举足轻重的意义。

如此看来，太空游发端于观光体验，却不是简单的"到此一游"了事。对专业运动员来说，要想取得竞技好成绩，要勇夺金牌，就必须长期在太空开展训练。这些运动健儿们从进入太空之日起，或许不能再轻易回到地球重力环境下生活，不然训练成效会大打折扣，甚至要重新来过。越想成为一名太空体育明星，就越要承受这种必要的牺牲，这跟所有优秀运动员要承受人所不能是一样道理。连续在太空训练多年，遇到的赛事可能会一个接着一个，天长日久对太空生活便会习以为常。这一点跟以往的宇航员在太空停留有所不同，运动员在持续紧张的训练状态中所激发出的身体耐受能力，比受到大熊猫一样保护的宇航员更强，有资料表明这方面的差异是很显著的[59]，人类的适应性进化能力不可小视。目前，宇航员在太空累计生活的最长纪录是879天，连续航行的最长时间是438天，这样的太空停留时间纪录其实并不长，今后随时会被宇航员自己打破，将来专业运动员进入太空以后则可能成倍提高。

随着太空体育竞技的不断推进，特别是月球上的赛事开展起来后，会有更多走出地球的专业运动员越来越适应太空生活。这些运动员退役以后总有一部分人会继续担任教练，长期连续或间歇性工作在太空，他们当中可能会产生第一批地外的迁居者，偶尔回到地球实际上只有返乡省亲的意义了。尤其是低龄运动员从小就进入了太空，少小离家老大回，反而对地球重力环境不适应也是有可能的。也许这些人自身并没有迁居地外的念头，但他们一生在太空逗留的时间却可能超过了待在地球上的时间，他们实际上已不是一过性的游客，即使最终叶落归根也改变不了长期生活在地外的事实。

太空游的吸引力远不止体育竞赛一个领域，譬如接下来还要专门谈到地外的医疗。这里想先说一说的是月球旅游，"不到月球非好汉"可能会成为大众化太空游的标志性追求。作为近地太空唯一可踏足的新大陆，月球在未来的大开发过程中，人们掀起旷日持久的月球旅游热是顺理成章的事，早期当然还是"钱则有座"以及月球赛事的运动员等捷足先登，随后将出现普罗大众蜂拥而至的局面。去的人一多，月球上必然大兴土木要建立各种基地，把地球上生产和生活的许许多多内容复制过去，在弱重力环境下暂时"适者生存"是不难实现的。尤其是月球旅游热还会引发一些行业迅速转向失重环境，在许多方面将体现出地球上达不到的更佳效果。

人们长期以来对太空失重环境的不利因素多有考量，一说起来吃喝拉撒皆困难，这也不顺那也有害，却对其有利因素强调不够。事实上失重环境的利用有着广阔前景，除了前面提到过的基础性科研以外，失重环境在生产工艺、精密制造等方面也是大有可为的，譬如物质密度的分层效应消失、压力梯度趋近于零、热力学状态均匀等条件能够大大提高材料加工水平[60]，可以进行无容器冶炼而制造出品质上乘的合金，也可以均匀地混合不同比重的金属及非金属而获得新型合成材料，还可以在无约束熔体中生长出高质量、大尺寸的单晶半导体材料，太空制造的CPU硅晶片其内部的晶体结合会更完美，运算速度无疑也更快。如果说像这样的失重利用在早期的近地太空驿站受场地所限的话，那么，在月球上展开弱重力环境的大规模利用则是不二的选择，而且远不止生产制造领域。这样一来，月球游日益火爆的结果，就是带来了这片距地球最近的新大陆的综合利用，以及部分长期驻留月球的迁居者。

人类即将展开的新一轮探月活动预计会持续二三十年，之后将迎来"钱则有座"们的月球旅游热，进而鸠工庀材大搞建设，就会开始在月球上全面折腾。离得最近的地外新大陆岂有不充分利用、不倾心打造之理，人们有理由相信，如今还是"寂寞嫦娥舒广袖"的月球，在不久的将来会容光焕发气象一新，跟当年美轮美奂的拉斯维加斯一样令人心驰神往。然而这一切能否成为现实不单单取决于新技术，更主要取决于国际政治的演化走向。

月球这个地外新大陆的开发很特殊，与地球上南极、北极大陆的和平利用迥然不同，其独一无二的军事"制天权"意义，对未来空天一体化战争的胜负起着决定性作用。掌握了"制天权"也就掌握了传统的"制空权""制海权"，各国政治家和军事家都是心知肚明的，在跟进月球游的过程中势必投入大量精力，明里暗里研制和部署新型的太空武器。因而对月球开发潜藏的危机也要有清醒认识，如果和平发展的主流国际秩序能一直延续，月球的欣欣向荣自不必说，但地球上一俟出现剧烈冲突的战争阴影，那时候的月球就会成为一个首当其冲的火药桶。这不是城门失火殃及池鱼的事，而是抢占"制天权"决定着月球就是那个先失火的"城门"，地球上未来的大战一准会先在月球上打响。人类变得越来越聪明了，过去的冷战止于空间站，未来的热战始于月球，眼光远远超出了地球。瞧瞧，人们还在为实现月球游而奋发努力的时候，战争这个妖魔的阴影就先游到了月球上，这是可以料到的。

月球游启动之初还有个可以料到的特点就是，成千上万的大活人尚无法登临月球，一批批逝去的人却有可能先在月球上实现安息，这指的是月葬。随着太空游的一步步展开，因各种原因在太空亡故的人肯定会日益增多，就近安葬在月球上也是一种顺理成章的后事安排。因而月葬这一前所未有的殡葬形式或将成为一种另类需求，既适用于进入太空的人们，也为地球上故去的人们提供了新的殡葬途径。

与传统的土葬和火葬方式相比，月葬似乎更值得推广。可以想象得出，把逝者葬在月球上不仅能节省地球的土地资源，而且也给后人的祭奠活动带来了诸多便利。长期以来，每逢先人的忌日或清明之类的特殊日子，人们总要买上祭祀品奔波到陵墓去祭拜，费时费力又费钱。有了月葬就彻底省却了这些麻烦事，当特殊日子到来时，人们遥望着月亮就可以进行祭拜，同时还能接收到从月球陵园发出的先人生前录音录像等纪念信息，供地球上的后辈们缅怀。过去人们常说先人会在天上看着后辈们，月葬似乎在一定程度上满足了人们千百年来的这种心愿，有没有天堂且不说，至少先人确实葬在天上。月葬的服务项目既可以推出遗体葬也可以推出骨灰葬，地球上原有的一些公墓甚至可以考虑整体迁往月球。相对于价格昂贵的月球游来说，把遗体运往月球实际上等同于物品搬运，运输难度小花费也要低得多；骨灰葬的成本无疑更低廉，很多普通平民应该都能承受得起。这真是魅力无穷的月球游，生生死死都爱它。

从长远来看，太空游在月球上总有一天会实现大众化，并进而向火星、小行星带及更远的深空不断推进。人类大规模向外迁徙的步伐将由此迈开，越来越多的人将逐渐视地球为返乡省亲的老家。再往后发展，先期迁出地球的后代们，不少人都出生在太空，他们再通过代际适应对太空环境的"适者生存"能力会更强，回老家定居的意愿将日益淡化。就像美洲大陆的移民那样，经过一代代繁衍生息，还有多少后代愿意回到先辈们的老家去生活？在未来迁出地球的先驱者们眼里，也许大美生活就在太空。

6. "地外医疗"别开生面

我们都知道，早在自然科学诞生之前，医生就是一种由来已久的香饽饽职业，而且在任何一个年代都能捧着"金饭碗"过日子，在科技体出现之后其含金量就更高了。这么说略显俗气那就换个说法，医疗活动在历史上一直都不曾缺位，它对人类的发展演进来说从来不是唱主角的，但从来都深刻影响到主角的表演。就好比《沙家浜》里的那个阿庆嫂，少了她整台大戏就很难唱下去，关键时候还要靠她"智斗"。也正是由于这种原因，科技体在近代以来推动人类加速前行的过程中，对医疗活动一贯厚待有加，使之不断插翅添翼，成了科技应用最能够集中展示的领地。

人们很容易看到的一个历史迹象是，科技体一有最新的进展，无论是新的理念、新的方法还是新的技术，都会迅速在医疗活动中得到运用，到现在也一样。前不久有一位资深投资人告诉我，从阿尔法狗一蹦跶出来，AI的技术触角很快伸向各个领域，但就行业应用的集中度来看，首推医疗领域。这个说法不难让人直观感受到，很多行业目前还在东拉西扯跃跃欲试的阶段，"AI+医疗"却是硕果累累一片兴旺，医学影像识读、智能诊断平台、介入治疗导航、外科手术机器人、智慧医院系统等已经登堂入室，全方位迈向智能医学的趋势已现端倪，科技体对医疗活动的恩宠由此可见一斑。事实上，在过去的几百年时间里，人类征服疾病谋求健康的历程，就是这样在科技体引领下披荆斩棘，取得了辉煌成效。然而我们也必须看到，近代以来医疗活动受益于科技体而形成的一整套诊治理论，全是基于地球上的生命观、人体观和疾病观而来，走向地外以后，人类的生物学认知或将逐步改变，医疗理念也会相应发生深刻的变革。实际上，无论是基于现行的还是未来的生物学认知，"地外医疗"都是一场别开生面的全新实践。

直到今天为止，人类的医疗活动不管技术手段怎样进步，对机体疾病的征服过程都跟清扫电脑很相像——诊查出问题进行处理。打上了科技体不同时代演化的烙印，无论是机械医学模式、生物医学模式、还是生物心理社会医学模式，基本的医疗理念就是清除影响机体运转的病害，修理补缀。即使近些年盛行的所谓循证医学，强调的也是搜找精准证据，更有效地开展清扫和修补。可是问题恰恰在于，医生们赖以遵循证据的生物学基础理论还很稚嫩，生命运动的关键本质到现在还缺乏通透的基本解释，循证再怎么努力也只是朝着"还原"这一个方向用劲，但这不是生命运动的唯一解释方向，甚至可能不是主要方向。

实际上，我们对生命运动的理解至今还处在懵懂状态，以地球生物学有限的认知只能大致看出，人的机体是一个复杂的分布式系统，靠器官、细胞、亚细胞各级子系统的协调运转，才涌现出了整体生命活动。人体的疾病，既可能源于子系统的局部受损，也可能是子系统之间的整体协调出了故障。系统运转失灵无非是这两种原因，前者靠清理修补可以得到很好解决，已形成了不断完善的还原论病理学理论，据此开展的临床诊疗取得了巨大成功，近代以来医疗水平大幅提高的事实充分证明了这点；后者则要通过系统的整体适配、调整优化来解决，而这点正是医疗活动长期以来的主要短板，短就短在整体论的病理学理论一直没有产生，这是地球生物学的局限性所致。因此许多疾病仅按照还原论方法几乎无法循证，长期得不到有效医治而沦为"疑难杂症"。一方面手到病除或药到病除，另一方面茫无头绪不知从何入手，这就是地球上医疗活动的现状。

科技体虽然多年来强劲引领着医疗活动的开展，但生命运动的高度复杂性也许不是在地球环境中就能一语道破天机的，就像基础物理学或将在出壳后迎来新突破一个样。有限的认知只能有限指导实践，从维萨里解剖学和哈维血液循环论开始，到魏尔啸病理学形成以后的医疗活动，归根结底全都是"头痛医头脚痛医脚"的模式，整体观念下的医疗活动一直缺乏相应的科学理论做指导，医学界最近几十年虽已认识到了这个缺陷却深感无奈，对此知其然不知其所以然。在这一点上，源于自然哲学的传统医学起到了一定程度上的弥补作用。虽然很多人坚决不认同中医的科学性（非科学未必就没有存在的合理性），温和些的人提出"存药废医"，极端些的人则主张彻底废弃，但这不是科学精英们口诛笔伐说消灭就能消灭掉的。

传统医学之所以仍有不小的生存余地，就在于其朴素的整体论指导临床实践有一定合理之处，在机体调理的某些效果方面对现代还原论医学能起到补短的作用。本人生活在广东多年，对家家户户"宁可食无菜，不可食无汤"的药膳文化深有体会，广东人按照药食同源的说法针对不同季节、不同气候采用不同药材煲出来的老火靓汤，谁也无法从科学角度说清楚养生机理，甚至对其功效也无法做出科学评判。但老火靓汤体现出的一种简朴科学意义在于，它考虑到了机体运转与生存环境的整体互动关系，这跟系统科学的基本思想是相符的。因而传统医学在现阶段仍可以理直气壮地声称，既然你现代还原论医学的能力有限，对生命发生及疾病转归还有不少讲不出道道的地方，那我传统医学凭经验猜一猜蒙一蒙有何不可？你科学的阳关道暂时还需要我传统的独木桥补一补缺，凭什么你要斩尽杀绝彻底灭了我？可以想象，如果能另建一套科学整体论意义上的病理学理论，传统医学自会逐步退出历史舞台，但那要在更高层次上对生命运动有了新的认知才能实现，恐怕要等到人类出壳以后了。

理论的源头活水出自实践，在更高层次上对机体生命和疾病的发生、发展、转归机理取得新的认识，终归有赖于医学各方面实践的新积累，这不是短期内能够一蹴而就的事。在人类生存的大自然环境相对平稳的情况下，具有新实践意义的积累主要来自地球外的医疗活动，也只有这种前所未有的医疗实践，才最有可能引发医疗理念产生深刻的变革。我们寄希望于地外医疗能破局探出新路子，却不知道未来医疗活动具体的演变走向，究竟是沿着还原论路径深入循证，还是另辟蹊径构建整体论病理学抑或是别的什么，这些其实并不清楚。但发生变革的可能性是显而易见的，太空独特的环境决定了这点。

我们现在起码知道，人是生活在地球大环境中的，如今趾高气扬占据了这颗星球的人类，其实只是地球漫长演化历程中所处的一段"风平浪静、气候宜人"时期的产物，机体的生理活动和病理变化都以这种稳定的大环境为前提，医学知识大厦的这个"地基"从未撼动过。当然，许多疾病的发生是由于机体与大环境的失调所致，现代医学对疾病传播、空气毒理、水质卫生、放射损害、噪声污染等环境影响多有涉及，但这些内容指的都是大环境的微弱变化或局部变化。而对地球上两大最"稳固"的环境因素，即重力和磁场，几乎没有纳入医疗活动的视野。机体在失重和失磁的大环境中，生理活动和病理机制必定会发生一系列整体意义上的变化，人们对此依然知之不多，特别是这种变化对医疗有利的一面。尽管航天医学开展了大量研究，但其侧重点是围绕着宇航员的飞天防护而进行的，目的在于克服失重失磁对机体的负面作用，以地球上的健康标准快速适应太空环境，并在返回地球后尽快恢复适应地球生活，总之一切为了宇航员平安[61]。即便这样花了大本钱的研究也是很局限的，以区区数百位宇航员和一部分实验动物的小样本，不足以全面揭示失重失磁的影响。况且宇航员都是万里挑一的强健者，医监医保也不涉及失重失磁对疾病的治疗，而这一点正是"地外医疗"有望破局之处。

"地外医疗"起初很可能是作为太空游的一项内容而兴起，相当于简单的康复理疗搬进了太空那样，为来自地球上的一些疑难杂症患者提供服务。没有经历过的事情先要从"摸着石头过河"开始，将来再冠以高大上的"太空医疗"之名也不迟。当然"地外医疗"并非盲目而行，失重失磁的环境本身就对一些疾病有天然的治疗价值，凭现有的医学常识对此不难理解，而且已被地面上一些模拟的"医用太空舱"治疗实验初步证实。譬如腰椎间盘突出症这种骨关节病，在地球上医治很费劲且效果欠佳，如果在太空医治则完全不同，几乎可以一揽子解决问题。失重环境可以使椎间盘纵向压力自然减轻，髓核受挤压的状况就会完全缓解，复位矫正也非常容易，而且腰骶部紧张的肌肉能得到松弛，有利于神经及周围组织的血液循环，进而促进炎症及水肿的吸收，因压迫而产生的一系列临床症状就会悉数消失。"病人腰痛医生头疼"的事也许就这样可以轻松搞定。

同样道理，脑卒中、脊髓损伤及先天性脑瘫患者等，在地球上的艰辛治疗犹如鱼在旱地挣扎，让人惨不忍睹，一旦进入太空做康复治疗便会有鱼入水中的效果。再譬如一些血液循环障碍性疾病（静脉曲张、局部缺血等），在地球上医治的复发率往往很高，到了太空则可能有根治性奇效。有模拟实验的研究表明，失重环境下血流规律的改变，会引起血管结构及血管周围神经支配的重塑，从而形成新的血液循环生理机制[62]，这相当于重新洗牌从头来过，也许能实现真正意义上的根治。还有资料表明，对于白血病等一些绝症，失重情况下在血液循环加快到一定速度的时候，畸形疯长的白细胞会发生不可逆的坏死，虽然机理还不清楚，但预示着白血病有可能就此完全治愈[63]。失磁状态下的医学研究虽然很少，但也有资料表明磁场环境的改变对成瘾性是有明显影响的[64]，也许在太空戒毒能取得更好疗效。

从这些简单列举的病例中，可以悟出的一点深层道道，那就是"地外医疗"的方法主要不是靠清理修补，而是对大环境进行一段时间的"清零"，以使局部紊乱的机体系统得到纠正、优化。这不是还原论医学的理念，而是体现着系统论的方法色彩。历史上也曾有人另辟蹊径，企图改变机体的整个系统以治疗疾病，例如古时候的放血疗法、开颅疗法等，但那是蒙昧时期的试探，早已被近代医学淘汰了。"地外医疗"的新理念是由科技体引领着大方向，以地球环境的适时"清零"为基础开辟医疗活动的未来，可以说顺应了人类出壳的总趋势。

　　"地外医疗"不但面临着"清零"这一新手段的应用，还将慢慢迎来"重建"未来医疗的使命。这种"重建"意义不是医学界自身探索、寻求新方法新技术的问题，而是人类将来大规模出壳以后的必然。

　　地球物种亿万年走过的路大致已表明，环境变化是生物进化的原动力，人类一旦走出地球就等于新的进化动力附体，身体结构和机能必将作出适应太空环境的改变。如果我们一直待在这颗星球上，平稳的大环境显然动力不足，也就不会再出现更多的进化了，即便没有停止那也是极其缓慢的"微进化"。由于机体已经非常适应地球环境而相对固化，医疗活动继续沿着原有方向循证，也很难发生理念上的彻底变革。"清零"的方法对医疗活动来说是一种新探索，也是打破沉闷僵局的开始，无论是在机理研究还是在临床实践上，这种"老病新医"都会由此走出一条新路子。

　　更重要的是，除了固化意义上的病种之外，随着"地外医疗"的逐渐展开，对机体适应性进化所带来的医疗新需求也将日益增多，其病理机制与人类在地球上固化的情况可能完全不一样。人类一步步走向太空驿站、月球、火星等等，对大环境改变引发的机体变异之快之大不可低估。NASA一项最直接的研究已证实，美国宇航员Scott在国际空间站生活了短短340天，其染色体的"端粒"部分就已发生了不可逆的变异。其实以往的生物进化对我们也很有启示，人类的原始太祖先们按说起源于大海，但我们已不能生活在水中，甚至连海水都喝不了只能喝淡水，适应陆地生活的这种变异是巨大的，至今仍让人琢磨不透。人类未来的进化方向充满了各种偶然性和随机性，机体也许对宇宙高能射线、高寒高热环境、不同重力环境及大气构成等变得更能适应，在器官、细胞、基因各层面的变异将会非常复杂，那不是简单一句"适者生存"就能扯明白的，生理及病理变化也不会是现有医学认知能解释清楚的。从长远来看，未来进化过程中"新病种"的出现必将导致疾病谱不断发生根本性质变，医疗理念的"重建"不是一蹴而就也不是一劳永逸的事。这也是医生"金饭碗"的永久魅力所在。

　　哪里有人类活动哪里就要有医疗保障，在最早一批走出地球的专业人士中自然少不了医生的身影，哪怕是一支体育竞赛队伍也需要有个队医跟着去。太空旅游接纳的是商业游客，医疗保障作为"兵马未动粮草先行"不可或缺的内容，在太空驿站建设之初就会统筹考虑到。刚开始别指望建成豪华的太空诊疗场所等着观光游客们去就医，各专科庞杂的医用设备也不可能在短期内迁进太空，况且地面设备适用于太空的技术改造过程也非一朝一夕的事。医疗保障最可能的方式就是"天地远程医疗"，地外只需配备简单的终端设施加上少量医生，即可应对游客突发的太空不适。

　　然而随着太空游的铺开，"地外医疗"主要的需求可能还不是跟随式的保障，而是用失重、失磁手段医治地球上已经存在的疑难杂症。假如腰椎间盘突出症、毒品成瘾性这样的问题在太空确有较好疗效，那就会吸引很多人以治病为目的进入太空。相对于太空观光体验来说，医疗需求无疑更具有刚性，如果越来越多的疾病找到了"清零"治疗的新办法，那就会很快改变太空游的人群结构，大量患者和专科医生将进入太空，这样一来，专门以医疗功能为主的太空驿站就会陆续出现，这便是名副其实的太空医院了。

　　与此同时，"地外医疗"的研究热潮也将轰轰烈烈开展起来。多年以来，在浩如烟海的医学研究项目中，涉及失重失磁的研究属于凤毛麟角，如今这个研究领域依然很冷僻。在中国知网上可搜到的2018年全年的学术论文中，医学专业类文献有20 000多篇，其中关于失重医学的只有不到10篇，失磁医学方面则一篇也找不到。就连实力雄厚的美国国立卫生研究院（NIH），为数不多的这类研究也主要围绕着"人系统风险"的航天防护而进行，几乎不涉及疾病的"清零"医治，更未涉及变异"新病种"问题。而"地外医疗"一旦兴起，失重失磁的基础和临床研究就会从"人系统风险"的航天防护转向"人系统紊乱"的纠偏矫正，这涉及医学领域的方方面面，风起云涌的研究之势定会出现。但这种热闹并不意味着大量的医学实验技术人员要进入太空，特别是在早期，建立几个"专管共用"的太空医学实验室，既能满足地面医学界取样的需求，而且也是经济可行的运作模式。当然，有了这样的基础更不会止步，各专科的医学实验室在太空慢慢建立起来也是早晚的事。

就人类的出壳进程来说，能否随着太空游的兴起顺利推进，能否行得更快走得更远，在很大程度上取决于医疗活动的"保驾护航"作用。眼下正是山雨欲来之际，低成本运载火箭帮助更多的人实现太空游已经为期不远了，"地外医疗"的保障作用届时责无旁贷，既要应对各种太空急症、太空慢病，又要开发"老病新治"技术，这是21世纪中叶以后可以预见的医疗需求。未雨绸缪也好曲突徙薪也好，扮演主角的马斯克们正在登台亮相，作为重要配角的医学界也该做好入场的准备了，现在动起来热热身正当其时。

7. 再现人口剧增的"婴儿潮"

1987年7月11日上午8点35分，一位幸运的初生儿一不小心成了国际名人，这位名叫加伊帕尔的小宝宝刚一诞生在南斯拉夫，便被联合国象征性地认定为第50亿个地球公民。3年后，联合国又正式确定每年的7月11日为"世界人口日"，以唤起国际社会对全球人口问题的高度重视。那会儿，人们对快速增长的地球人口很是担忧，生怕人口爆炸带来一系列全球性危机。当然，这种担忧不无道理。人类是这颗星球的主宰者，我们自身已发展到50亿人口的规模了，再继续增长下去迟早会没有立足之地。这个问题一直在人们的分析、预测之中，小小的地球资源有限，如果人口毫无节制地疯长，耗尽了资源还不是大家一起玩完吗？再说好不容易增长的物质生活资料被大量增加的人口一摊薄，那也是辛辛苦苦白干一场，生活水准迟早也会江河日下。对人口问题的这种忧虑，长期以来成了全世界共同的主流认识。

其实早在200多年前，科技体形成之初带来了社会生产力的大幅度提高，人类历史上前所未有的一波人口剧增的"婴儿潮"就随之出现了。英国牧师马尔萨斯刚好就生活在那个时代，他目睹了那场发生在自己家乡的工业革命，敏锐地察觉到了由此将引发的人口问题，提出了著名的人口论。按照他的理论，生产力提高必然导致人口按几何级数增长，生活资料则按算术级数增长，因而人口过剩不可避免地会引发饥饿、贫困和失业等现象，过多的人口终将造成地球上能源耗尽和资源枯竭。马尔萨斯人口论是基于人类发展的迅速转折而提出来的，有其充分的历史比对依据，因为在工业革命之前，全世界的人口一直呈现出高出生率、高死亡率和低增长率的特点，总体上是平稳缓慢增长着，但是生产力一下子大幅提高了，世道变了，吃喝用度多起来必然导致人口的加速膨胀。

应该说，马尔萨斯当时是有先见之明的，他的预测符合工业化初期的社会背景。尽管他没能预见到科技体壮大在解决资源和能源问题上显示出的巨大作用，人口增长后来并没有按照他的刻板预测引发全球危机，但他的人口论思想一直影响甚广，人们在考虑宏观发展前景时总会联想到人口问题。罗马俱乐部在半个世纪前发布的著名警示报告，基本上承袭了他的人口危机观，担心的还是人口膨胀会造成增长极限。

对人口膨胀的这种恐惧心态，实际上根深蒂固影响到各方面，甚至有人据此无病呻吟。1994年美国农业政策顾问布朗抛出了风靡一时的"中国威胁论"，我们很多人刚听闻时感到匪夷所思，你一个农业专家吃饱撑的扯这种陈词滥调想干吗？后来大家弄明白了，布朗的怪论说的是，中国的十几亿人口还在增长，未来中国人很难自己养活自己，如果用当时积累的上千亿美元外汇去国际粮食市场上买粮，那就等于让全世界勒紧裤腰带填补这个大窟窿，这是比军事威胁更可怕的灾难。布朗的危言耸听现在回过头来看已经彻底破产了，他一叶障目只看到了人口增长这一个因素，而看不到科技体同步发展的威力，更是大大低估了袁隆平们解决粮食问题的决心和能力，这是他庸人自扰的习惯性思维在作祟。直到今天，马尔萨斯人口论奠定的基调依然在很多语境中挥之不去，几乎难以割舍。譬如世界自然基金会（WWF）自1998年以来每两年发布一次的《地球生命力报告》，虽然以分析、监测和警示地球生态系统的变化为主题，却总是强调说人口在地球上已经严重超载了，当今全人类的生活起码需要1.5个地球来支撑，发展到2030年则需要2个地球才能承载，以后当然会超载越来越严重。像这样的絮叨，人们听说了多年已经习以为常了。

马尔萨斯创建了考察人类发展的一种新视角，但人口论的历史局限性显而易见。在过去的200多年里，生产力提高和人口增长都是突飞猛进的，但地球超载之说并没有直接的根据，人类更没有陷入资源和能源枯竭而走投无路的境地。诸如罗马俱乐部、世界自然基金会乃至布朗之类的新旧马尔萨斯主义传承者，对这个问题的测量只专注于人口剧增带来的减量，而忽视了科技体带来的增量。譬如能源的使用，工业革命以来化石能源急剧消耗这是个事实，但核能、太阳能、可燃冰等新能源的开发也紧随其后在推进着，现在没有任何测量证据表明，替代能源的开发速度赶不上化石能源的消耗速度。

即使按照很悲观的说法，地球上的化石能源将在21世纪内消耗殆尽，人们也同样有乐观的理由相信，新的替代能源在此期间内将完成对化石能源的置换。实际上，"拯救地球"的政治正确性，不能忽略科技体的成长性，警钟长鸣更重要的意义就在于，要在耗尽传统的资源和能源之前尽快找到人类继续发展的新路子，这条新路子的总指向就是出壳。从人类近代以来走到今天的发展历程来看，新老马尔萨斯主义一直都没有料到这点。

更令人感到意外的是，最近一个世纪以来人类社会的发展，与马尔萨斯主义预测的情况完全相反。随着工业化和城市化步伐的加快，人们的预期寿命越来越长，创造的生活资料也越来越丰富，但人口生育率反而下降了，岂不怪哉。事实摆在人们面前，全世界人均预期寿命已从过去40多岁增加到70多岁，大部分发达国家甚至超过了80岁，并且还在继续增长，有望在21世纪内达到100岁。然而生育的人口数量却持续下滑，世界平均生育率已经从20世纪50年代的4.9，下滑到了2010年的2.5，人口增长率则从1960—1965年的1.92%大幅度下降到2010—2015年的1.18%左右[65]。人口增长不仅没有出现井喷式的爆发，反而呈现出了明显放缓的趋势。

我们可以看出，世界人口从50亿发展到2017年的75亿，用30年时间增长了25亿人，再增长25亿就达到了100亿，按说以这种速度在21世纪中叶就会实现。但是，根据联合国及世界银行等多个权威机构的预测，世界人口总数在2050年只能达到90亿，21世纪末才会达到100亿峰值。换句话说，再增加25亿人不是用30年而是要用80多年才能完成，这是一种急刹车式的减速。而且，100亿峰值过后世界人口总数将开始锐减，高收入和一些中等收入国家还会提前开始做减法。据联合国粮农组织预测，2100年中国的人口将减少到10亿左右，甚至还有预测说中国那时的人口将剧减到6亿[66]。听起来亦真亦幻，让人惊心动魄。

事实上，第二次世界大战结束后，大多数发达国家都经历了一轮人口快速回升的小高潮，但经济复苏没几年生育率就开始不断下降，近年来有些国家终于滑落到了零界点以下，人口负增长的情况已经出现。最典型的例子就是日本，2011年日本人口在达到了近1.28亿的最高值后，已连续多年负增长，成为世界上第一个人口总量自然减少的大国。而今维持全世界人口增长的力量主要来自中低收入国家，据联合国《世界人口展望：2015年版》的报告，不发达国家依然保持着较高的生育率并且人口总量还将快速增长，预计全球人口增长中的一半以上都在非洲，到21世纪末非洲人口将占世界人口总数的40%以上[65]。

看来"越穷越要生，越富越不生"并非哪个国家的特色，而是当今世界普遍存在的共性。当然，中低收入国家在发展起来以后，生育率也会像先前的工业化国家一样慢慢降下来，中国2015年放开了二胎政策却没有迎来预期的生育高潮就是有力的明证，这一点也让人口专家们大跌眼镜。现在很多人已经料到，即使全面放开生育政策，也很难抵挡生育率下滑的大趋势，这是由人口发展自身的特性所决定的。由此可见，人口增长与生产力提高的关系，不是用简单的线性或几何数学就能够描述。当初工业革命带来了生产力的空前提高，世界人口增长就像快车启动一样，在不到一个世纪时间内迅速飙升到1830年的10亿，在随后近200年里又飞快增长翻了几乎三番，但最近几十年却自动换挡减速，甚至出现了刹车叫停的迹象。这一新情况引发的问题更值得关注。

近年来人们已察觉到并将面临的一个严峻挑战是，受低生育率和高预期寿命的双重影响，整个人类正在变得越来越"老"，这是历史上不曾出现过的社会现象[67]。美国发布的人口老龄化调查报告称，世界人口逐渐老化的程度正在加剧，预计年满65岁的人口在20世纪中叶将翻一番，到21世纪末将增加至目前的三倍以上。另据世界银行最新的数据显示，目前老龄化最严重的几个国家是日本、意大利、德国、法国，65岁以上人口的比例都已超过了20%，其中第一"元老"日本已高达27%，真的有点老态龙钟的征象了[68]。我们在日本的街头巷尾转一转都会有切身感受，遍布四处的很多人是步履蹒跚的银发老者，要不是在上下班高峰时段能看到匆匆忙忙赶路的一些年轻人，还真会以为老年人就是社会生活的主力军。不仅是在日本这种发达国家，人口老龄化实际上也在向中国、巴西这样的发展中国家蔓延，如今中国65岁以上人口的比例已达到了11%，老龄化程度在TP10上也是榜上有名了（位列全球第十）[69]。乍一看这个名次当然也让人大皱眉头，恨不能跟中国足球现在的世界排名调换一下。其实不必吃惊也不必纠结，细心留意一下，我们生活中的老龄化现象已经在很多地方都已有所体现。

人口老龄化意味着社会活力的衰退，弊端一目了然。仍以当今的第一

"元老"为例，日本在20世纪后半叶曾经创造了辉煌的发展奇迹，其经济实力多年来稳居全球第二亚洲第一，这个位置近些年已被中国取而代之并且差距迅速拉大，2009年的时候日本的GDP还比中国略高些，现在却只有中国的一半。日本疲软的原因尽可以见仁见智，但最根本的缘由就在于，自20世纪90年代以来人口老龄化急速加剧，整个社会的创新能力和创业水平迅速下跌，老本快吃完了且后继乏人，以致过去近30年间难以走出经济低迷的困境。

从人类的近代历史来看，任何社会的发展活力都来自持续的创新、创业，而充裕的人口规模及其合理结构是长期发展的前提，其中认知力和创新力旺盛的年轻人口必须保持足够的数量。很难想象一个老气横秋的社会能涌现出老盖茨、老马云之类的创新精英，人口老龄化必然造成潜在的发明家、企业家逐渐减少，经济增长的驱动力就会日益弱化、枯萎。人们对这个大问题的关注还远远不够，现在主要是盯着未来社会的养老负担在琢磨，这可能有点舍本逐末了。其实就长远而言，老龄化带来的养老负担是可控的，如今多数社会岗位的劳动强度并不大而且会越来越低，顺延退休年龄在一定程度上可以对平均寿命增长起到冲抵作用。况且随着AI技术等发展，老年人需要年轻劳动者提供的额外服务也会相对减少。美国白宫不久前发布的《支持人口老龄化的新兴技术》报告，就是瞄着这个目标在行动，科技体应对老龄化负担现在还有着充足的跟进余地，这方面的预期成效是乐观的。

但是，社会老龄化将要出现的人口结构失衡，却是未来几十年难以扭转的趋势。生育率下降导致年轻人口减少似乎是困扰人类发展最突出的问题，这种巨变式的人口转型才刚刚开始，"日本现象"正在向更多国家蔓延，全球性的影响恐怕比预期要剧烈得多，长此以往人类将陷入萎缩性发展的恶性循环。在这个问题上人们似乎很纠结，既想要马儿跑得好又想要马儿少吃草，面临的是两难选择，一方面希望人口结构与老龄化相适应，提高生育率保持社会发展充足的活力；另一方面对人口继续扩增忧心忡忡，生怕人口基数太大造成地球家园不堪重负。两种危机观各唱各的调，人口该少生还是该多生两个不同的方向孰是孰非并不清晰，人类自身的调控本领也显得软弱无力。高收入国家的生育愿望普遍低下，靠政策鼓励生育几乎没有明显的成效，低收入国家仍在显著扩增全球人口基数，也是短期内难以阻截的。全球人口目前继续增长带来了环境资源的现实压力，21世纪末达到人口峰值便会掉头减员，未来的负增长将加速人类全面老化，当前有限的应对措施左右为难，如同小车不倒慢慢憧憧只管推，这就是我们必须接受的结局吗？

我们可能完全想错了，错就错在沿袭惯性只盯着地球上就事论事，却忽略了人类即将迎来的大伸展趋势，轻视了科技体引领人类出壳的强大能力。以史为镜可知兴替，在过去30年间地球上的人口猛增了26亿，而人们起初担心的粮食、能源等种种危机，看似一个个很难跃过的沟沟坎坎，终归都在科技体的威力之下"大事化小，小事化了"，社会发展不仅没有后退反而越来越发达了。这个不争的事实让我们有理由相信，在未来的岁月里，人口老龄化造成社会活力下降的新难题，也必将在科技体的继续进化中得到根本解决。

展望出壳时代步步临近的前景，发达国家的人口负增长趋势可能只是一段时期的现象，等不到全球性人口减员的那一天就会出现彻底扭转。实际上，日本、德国、法国等发达国家目前的生育率下跌，是中产阶层日益庞大而引发的生育意愿、结婚意愿受到严重压抑所致，在很大程度上是情非所愿的选择。我们在北京、上海、广州、深圳这些迅速崛起的大都市看得会更清楚，高昂的生活成本、巨大的职业压力是影响生育率的主要因素，对大多数受过高等教育的年轻人来说，家庭的添丁进口意味着财富摊薄和生活质量的下降，雇个月嫂可能就要把自己的月收入全部搭进去，不得已只能减少生养或者干脆不结婚不生养，打拼亦难何不潇洒走一回。说到底还是育龄人口的整体富足程度不够高，所谓"越富越不想生"其实是个伪命题，古今中外无数的达官贵人、超级富豪没有财富之忧，可曾听说过他们中有几个人不愿生儿育女的？实际上，人们无论贫富都有养育后代享受天伦的本性，欠发达社会更看重"养儿防老"的投资意义，而当今界定的发达地区其实只是比较意义上的说法，尚未发达到全社会富足有余的水平，在这种"不贫不富"的时期人们为追求生活质量而减少生育，只不过是一种不得已的逃避现象。眼下，科技体新一轮"变革人类自身"的革命正在酝酿中，这场新技术革命将推动人类社会向更富足更发达的水平迈进。至少我们可以料得到，大多数劳动岗位将会被机器人取代，越来越多的育龄人口会有更轻松的工作和更充裕的财富，尤其是人工智能技术会让婴幼儿养育变得更容易，基于万物联网的社会化养育服务也或将出现，这些都是促使生育率逐渐回升的有利因素。

现代女性的生育意愿下降，还有个重要原因是对怀胎分娩的畏惧。十月怀胎本已是含辛茹苦的事，一朝分娩还要承受摧心剖肝般的痛苦。在不少知识女性眼里，"痛并快乐着"不是一种非接受不可的选择，宁肯舍弃那份快乐也不愿承受那种痛楚。有资料显示，女性"丁克"一族对怀胎之苦及自身体型受损，普遍存在着畏惧心理[70]。我以前在医科大学工作时也注意到，同事当中很多女医生、女教师都主动选择剖宫产而拒绝最后一"痛"，她们说一想到产妇分娩那刻呼天抢地就发怵。这种现象反映出，从怀胎到分娩的过程在很大程度上也会让人望而却步，如果"不痛"也能快乐着，无疑会调动大批职业女性的生育积极性。值得庆幸的是，这样的技术已经呼之欲出了。2017年4月25日，美国费城儿童医院胎儿外科医生Flake的研究团队在*Nature Communications*（自然通讯）上发表的一项技术成果显示，他们研制的"人造子宫"用8只早产羊羔进行试验已取得了成功[71]。这个孕育小羊的"子宫"是一种生物袋，其中充满的"羊水"是含有盐和其他电解质的温水，同时在生物袋外部还配置了一个机器胎盘，通过软管与早产小羊的脐带连通，能确保里面的羊羔像悬浮在母体子宫内一样发育生长。

虽然这种人造子宫目前还不够完善，主要扮演的是孕育阶段的最后环节，但足以证明离开母体孕育胎儿是可行的，满足孕育全过程的技术障碍并不存在，打造出成熟完善的人造子宫在今后几十年内不难实现。所以Flake团队的这项成果一宣布，有人就预测说2050年以后，将会有一半以上的婴儿从人造子宫中孕育出来。同时也有一些女权主义者提出了抗议，担心人造子宫的问世意味着男人可以把女人赶出地球了。当然，这样的担忧属于杞人忧天，这颗星球上只剩男人会非常单调，而且生活将无以为继。女权主义者或许更应该看到的是，人造子宫为摆脱女性的怀胎分娩之苦创造了条件，对促进人口生育率提高具有深远的积极意义。

外因是变化的条件，内因才是变化的根据，这道理对人口增长情况的变化也同样适用。未来人口大幅增长的动力集聚，主要还是来自出壳进程本身。人类在科技体引领下一方面正在积累着轻松生育的条件，另一方面也要逐渐向地外伸展，随着颠覆性的新理论新技术的出现，太空探索、太空商业的规模将日益扩大，这无疑会吸引越来越多的年轻人出壳去闯荡。年轻就意味着任性，年轻也意味着志存高远，遥远的地方挡不住青春铸梦的脚步，每当历史处在重要转折时期都会产生无数追梦者"出远门"的故事，远行需要更多的年轻人。这种情景在当年的英国表现得淋漓尽致，航海技术兴起带来了海外殖民扩张，"出远门"对人口增长的巨大刺激作用显而易见，18世纪初英国本土的人口还不足百万，海外扩张了一个世纪后就迅猛增长到2 000万人，其中近三分之一的年轻人都涌向了新大陆和其他殖民地，不然也不会有讲英语的美国、加拿大、澳大利亚、新西兰这些新兴国家。要是把海外殖民地新增的人口都算上，英裔人口早在19世纪就已经过亿了。

人类出壳更是一场空前的远行壮举，"出远门"的距离跟过去相比不可同日而语，远行之远完全不在同一个数量级上。"路遥不知何时返"将成为走出地外的常态，"少小离家老大回"也会司空见惯，甚至"壮士一去不复返"也不足为奇，这将促进世界人口出现前所未有的大幅增长。贝索斯放胆预言说，以后将会有百万亿人生活在太空，他从当今跃跃欲试的太空产业看到了人类星际殖民的辉煌前景，虽然那要等到更遥远的未来，但人口暴涨的这种预测可能有着人类文明发展的新内涵作基础。如果说过去"婴儿潮"的起因在于物质层面上劳动力需求的刺激，那么，未来人口生育率的提高还会增添精神力量的作用。实际上，在新技术推动轻松生育的同时，社会意识的进步也是不可忽略的因素，走出地球拓展人类生存的新疆域将成为人们的共识，越来越多的人就会担当起人类文明向太空延续的责任。育龄人口一旦不把生儿育女完全视为自己的私事，就会像纳税一样成为自觉的义务，生育率逐渐回升是可以期待的事。贝索斯的豪言壮语说的是远期未来，其实我们无须千年等一回，在不久的将来就会迎来人口发展的重大转折，21世纪内太空游的兴盛将成为拉动生育率提高的新生力量，又一波人口剧增的"婴儿潮"将展现在世人面前。而且这场转折对人口增长的影响更深刻、更久远，或许再往后经历一波三折会一直延续到贝索斯预言实现的那一天。

事实上，从科技体带来工业化发展的几百年间，全球人口一直在迅猛增长，人类社会的面貌也在一天天变得更美好。过去人们总担心过多的人口会造成种种弊端，警示告诫之声不绝于耳，近些年发达国家人口增速放缓导致社会活力下降，反而也让人惶惶不安。如今放眼出壳大势总算看得更清楚了，人类自身的产量在不同历史阶段有起有伏，早期缓慢增长→工业化后迅速增长→发达地区增速放缓→出壳再拉动迅猛增长，这便是人口持续繁衍的曲折历程。

由此我们也可以得出一个基本结论，那就是，不断扩大的人口规模是人类长远发展的必然，利大于弊毋庸置疑。然而我们也要看到，人口规模的必然扩大是以走出地球为总前提的，出壳拉动的新一轮人口剧增与过去的不同之处在于，增量不仅在地球上而且会逐步向太空扩散，千百年过后人口的主要增量就不在地球上了。照此说来，地球上的人口增速到一定时候又要明显放缓，这种情况几乎难以避免。但那时就不必担忧了，对出了壳扎根太阳系各处的全人类来说，地球已经成了局部一隅而无碍大势了。而且人类届时也会有更高级的智慧和手段反哺这颗星球，使之能在相当长时期内保持充分的活力，而不会很快变成一个巨大的养老院。

出壳将要拉动的人口剧增，远远超越了我们赖以生存的传统家园，会给太阳系更多枯寂星球带来生机和活力。但这种生机和活力不只是人类一花独放，同时也要有大量的其他物种随之进入太空，红花要靠绿叶扶，增量也包括了那些绿叶。

在出壳之初，大量不同的物种进入太空不仅有生态圈构建的意义，也有娱乐项目开发意义。可以想象出太空斗牛、太空斗鸡定会有不错的吸睛效应，从而拉动更多的动物走向地外。因而，新一轮人口剧增对整个太阳系来说犹如一场"寒武纪生命大爆发"。需要关注的一个问题是，人类走出地球在做适应性进化的同时，其他生物也一样会做适应性进化，假如人类的进化很缓慢，而某种高等动物在太空如鱼得水进化得更快，有无可能出现新的智慧物种将人类取而代之？

这种情况在地球上断然不会发生，除非来一场毁灭性的小行星撞击或伽马射线暴那样的大灾难，否则地球上生物链的格局不可能重新洗牌。但在太空局部就难说了，也许某颗星球更适合某种高等动物的快速进化，任其进化成新的智慧物种是有可能的。人类该怎样对待它们？一种选择是顺水推舟乐观其成，久而久之的危险性有可能让人类自己沦落为恐龙的结局。另一种选择是消灭在萌芽状态，结果是扼杀了智慧物种的多样性，让人类在太阳系永远孤独下去。何去何从，这个问题我们在后面还要谈到，总之发展中的问题还是要靠发展去解决，这跟人口增长不断出现过的新情况一样，车到山前必有路。眼下更应当关注的是唤起人类文明向太空延续的使命感，更多打造智慧养育、人造子宫这样的新技术，为大幅提高人口生育率创造条件。

8. "芝麻开门"观念变

2019年元旦对传统媒体来说是个"大寒"的日子，国内至少有17家纸媒在这一天同时与读者们诀别了。此前已有不少纸媒陆续停办，包括创办了几十年的"老"字号报刊，在"万物皆媒"的冲击下越来越难以为继，不得不退而转入融媒体新方阵。然而也有纸媒顽强声称，纵使万物肃杀的严寒来袭，也依然会坚守这块阵地。在变风改俗的当今时代，纸媒或许会成为一种乡愁文化的象征，坚守的精神固然可贵，但思维观念必须与时俱进，不然总有一天会坚守不下去。不妨想得更远一些，就算硬着头皮能坚持到出壳时代，人们届时大量涌向太空，资讯的传播还会给纸媒留下一席之地吗？恐怕到那会儿纸张都早已退出了历史舞台，花岗岩脑袋也会转变观念的。所以还是恩格斯说得对："每个时代的理论思维，包括我们时代的理论思维，都是一种历史的产物，它在不同时代具有完全不同的形式，也因而具有完全不同的内容。"这话不仅适用于过去和现在发生的社会变革，更适用于人类将要发生的那场深刻的出壳转折。

人类一旦大步走出地球之外，就仿佛"芝麻开门"进入了一个全新的世界。许多前所未有的新观念必将逐步形成，并且会跟传统观念发生剧烈冲突、碰撞、磨合，这个过程其实也是人类思想文化的一次重构过程。

进入太空以后，最能直接感受到的观念变化，可能是日常生活中的时空概念。人们在地球上生活，任意两地之间的距离都是恒定值，从不会改变。从广州到北京是1 910千米，到东京是2 860千米，到巴黎是9 520千米，到任何一地的距离历来是静态概念。我们在广州无论何时想去北京一趟，乘飞机、坐高铁或者自驾游，都可以据此随心所欲安排往返行程。但到了太空世界则完全不同，两地之间的距离随时都在变化。假设你将来搭乘飞船去月球旅游，从内蒙古发射场出发还想返回原地，那两点间动态变化的距离是不可能让你照原样往返的。地球在转动着，月球也在转动着，五日游十日游过后早就不是原来的往返航线了。如果你还想走得更远，等开通了火星旅游项目也要去走一遭，那就千万要小心了。火星离地球最近的时候不到6 000万千米，最远的时候则超过了4亿千米，时间上真是差之毫厘谬以千里。若是你没选好出行时间，别人游一趟早就回来了，你可能还在去的半路上。要是再往后开通了小行星的旅游，时空的计算那就更复杂了。每颗小星星的公转速度千差万别，也许别人去过一趟游历了几颗很有趣的小星球，然而随时都在斗转星移，你在有生之年是无法重复以前这趟旅游路线的，如果想照着原样再来一次，也许那几颗有趣的星球要过数百年上千年才能再聚到一起，甚至可能再也聚不到一起了。因而人们必须改变两地之间根深蒂固的静态距离概念，树立起动态距离的概念。

像这样的观念改变，是出壳时代不得不面对的。可以料到的是，走出地球对人们思想观念的冲击，比当年科学启蒙所产生的震撼可能更直接、更猛烈。哥白尼日心说引起的思想震撼起码还有个缓冲过程，在很长时期内有一定的回旋余地。你感觉不到地球围着太阳转，习惯于太阳绕地球东升西落，至少还能凑合着过日子，不影响日出而作日落而息的生活。出壳以后却没了这种缓冲或凑合的余地，观念不改很快就会碰得头破血流。别人前些天从月球顺利返回到内蒙古着陆场，你今天也想照着别人的原路返回，很可能就掉进了非洲的野生动物园里。社会生活的许多观念，都会像时空的感受一样发生根本性转变。

很多人对《人类简史》一书中"讲故事"的说法印象深刻，作者尤瓦尔·赫拉利认为，从智人时代开始人类慢慢学会了"虚构"故事的本领，通过这种虚构来扩大合作共识、建立社会秩序，从而把人们聚集在一起产生强大的力量，从而统治这颗星球直至今天。现在看来，相对于浩瀚无垠的太空而言，在地球小村落讲故事建秩序肯定要容易得多，等到千百万亿人散落在彼此遥不可及的太空各处的时候，能否同心协力、凝聚共识将成为一个严峻的挑战。

毫无疑问，地球上沿袭了至少数万年的讲故事套路，在开启了出壳之门以后将发生很大变化，这种变化不仅仅是在具体内容上，而且是方式上的根本改变。从原始人到现代人，虽然人们从各种视角讲故事的能力越来越老到，数不清的虚构"内容"也深入人心，成了秩序的组成部分，但叙事的套路主要是围绕着时间轴而展开，而且一直也离不开时间轴的铺垫。其实，围绕时间轴虚构故事无非是两个方向，要么从过去入手要么从未来入手。在人类练就了讲故事本领的大部分岁月里，从过去入手的叙事方式是主流，"过去式"一直大受待见。反正"上帝"创世的时候谁都不存在，所以"上帝"的故事好讲。为了解决现实秩序问题，特别是在社会变革时期，人们总是热衷于讲述遥远的过去，靠"远香近臭"的论证让人更容易相信和接受。"很久很久以前……"这种童话体开头的标配，其实就是地球上讲故事的经典铺垫，人们早已用惯了这种叙事方式。好比文艺复兴时期的欧洲人，把就近的中世纪贬得一文不值，极尽批倒批臭之能事，而把遥远过去的古希腊古罗马认作救世榜样，并描述得灿烂无比。"过去式"在科学革命之前几乎是一枝独秀，那会儿，讲述未来的故事既不多也缺乏说服力，从借古喻今入手比玄幻的未来故事往往更具影响力。与此同时，围绕空间轴讲述远方的故事也一直不入流，"有一个遥远的地方……"总让人感到虚幻而不可信，再说也不到讲"公司""政府""科技"这些故事的时候。

这种格局自近代以来有所改变。一方面讲述未来的故事逐步登台并有了越来越大的影响力，《乌托邦》《新大西岛》《弗兰肯斯坦》《海底两万里》这些故事，都是虚构了一幅幅未来的理想远景。另一方面，讲述远方的故事也有了较大起色和影响，远方的好故事会被其他地方引进吸收，美国的崛起在很大程度上就是借鉴了英、法、德的诸多故事，并且讲出了更精彩的内容。然而随着苍茫大地一天天变成小小的地球村，地域间的话语差异日益淡化，围绕空间轴虚构的故事越来越失色，过去的"远香"魅力已不复再现，超越人们广泛认同的理念越来越难。

实际上，人们虚构故事的能力发展到现在，仍以建立在时间轴基础上的叙事方式为主，并一直有效沿用着。写篇论文阐述观点必定要引经据典，时间轴拉得越长的史料越有说服力。总统竞选期间或者新首脑上任伊始，则必会向老百姓描绘一幅任期内将带来的辉煌景象，以示自己高超英明。几乎所有的商业计划书或融资报告书，都会讲述以往的优良业绩和今后的美妙前景，讲好了故事才能获得资本的支持。但我们应当清醒认识到，出壳以后还靠这套老办法虚构故事，很可能就不灵光了，现行叙事方式的格局将被打破。

谁都知道，人类在太空没有过去的历史，当然也没有"很久很久以前"的成功经验可循，任谁巧舌如簧讲故事都是徒劳的，除非现代人的智商清了零才会相信。显然，"过去式"暂时退出历史舞台是注定的。与古老的"过去式"相比，讲述未来的故事在当前似乎风头正劲，大有力压"过去式"的态势，但是出壳之初则会由盛而衰，情况将会变糟，故事将更难讲。这是因为，在地球上讲述未来故事有着承前启后的素材沿革作基础，而涌出了地球面对的是无边无际的一片苍茫，人们将分散在彼此遥不可及的太空各处，共识的形成、秩序的建立毫无头绪，一切都懵懵懂懂是必然的，讲出来的未来故事虽然有一定作用，但无根无基犹如玄幻，可信性、认同度都会大打折扣。由此看来，不管是过去还是未来，围绕着时间轴的叙事方式将日渐式微。

反观长期被冷落的空间轴叙事方式，则可能重整旗鼓成为新的主流。过去在地球上讲述"有一个遥远的地方"，要么是虚无缥缈不存在的假想地，要么是真情实景已变得"近臭"而失色，讲这样的故事当然索然乏味。而在太空无数遥远的地方都是真实的存在，故事题材既远又实并且随着出壳进程的推进会更加丰富，这样的"远香"故事才会有共同虚构的基础，也才会有灵活合作、有效协同的可能。试想一个前已述及的案例，假如要把小行星带打造成为人类的"第二家园"，不管是否真的付诸行动，那里的秩序构建都是可以讲出许多新道道来的，因为那片幅员广阔的天区分布的一个个小星球是实实在在的而不是虚幻的，虽然我们了解的还不多，过去也不曾有人类踏足，未来的变化也难以琢磨，但这并不影响人们探讨大分散生活的秩序构建。像这样的"远香"故事现在就可以试着开讲，如果有更多的人围绕空间轴来讲述太空故事，为出壳时代早做准备岂不妙哉？

在讲故事的方式发生变革的同时，叙事的新词语将会大量涌现。"名以物出，词随事来"，社会发展带来人们思想观念的种种变化，都会通过叙事词语的增加得到体现，这在如今互联网时代的迅猛变革中就能看得很清楚。2016年9月发行的《现代汉语词典》（第7版），与2012年6月发行的《现代汉语词典》（第6版）相比，短短四年多时间就增收了405条新词语[72]。"博主""榜单""创客""电商""网购""鸡汤""官网""贴吧""网媒""视窗""微信""网银"等新鲜词，对社会变化的反映是很真切的。出壳这样一场大转折更甚，必将在各方面带来新词语的井喷式涌现。日常大量的词语从地球上扩展到太空各处，原封不动照搬照用肯定会产生歧义，像"泥土"这样的简单概念，如果不附加产地前缀那是说不清楚的，我们不得不分别另起一大批"月土""火星土"或者"土卫二土""土卫六泥"之类的名称，附加地外含义将成为构词的普遍现象。几乎可以肯定，不久后月球大开发便会很快摊上这种事，搞个大棚种出来的水果当然要叫"月果"，具体品种也许有"月梨""月橘""月枣"等等。但更复杂的事情靠这样对付恐怕是不行的，起码像"月薪"这

种词用在月球雇佣人员身上就得另找新说法，到时候也许要编写《地月对照词典》或《月球生活构词指南》才能应对。

叙事新词语的增加，还会在对太空景象的描述方面体现出来。无人探测器拍摄到的外星球画面绚丽多姿，但那些都仅限于视觉感受，火星的"龙鳞地貌"、木星的"大红斑"旋涡、冥王星的"蜘蛛状"条纹等等，这些说法都是按地球上现在的视觉经验来描述的，那里不同于地球构造的真实状况我们仍不清楚，也缺乏视觉外的其他感受，人类亲临之后用更丰富的新词语去描述是必然的。同时，人类走出地球在心理上受到的刺激也是巨大的，身处太空驿站、月球、火星、小行星等不同环境会有各不相同的心态感受，不可能靠一个简单的"失重感"展现复杂的心理感触，一定会产生更多的新词语来表达思想、倾诉心声。除了这些以外，叙事观念的改变或许将超越传统的

伽利略号木星探测器

语言体系，人们面对浩瀚的太空会迸发出空前高涨的求新求异激情，另创一套更直观、更适合星际交往的新语言也是有可能的。

一切过往的东西都会是一个新的开始，人类的发展、科技体的演化说到底都是现实新问题与传统旧观念之间碰撞融合的产物。在不同的历史转折时期，人们往往是在"回头看"与现实焦虑的博弈中找到了解决问题的办法，要不然不会有新的社会意识出现及科学范式的更迭，这在当今时代也一样。事实上，全球化冲击下人类的整体焦虑在一天天加剧，复古思潮在生活的许许多多方面都有体现，近年来在欧美兴起并风靡世界的电动老爷车、拱形门建筑、石壁家居装饰、破洞牛仔裤、老爹帽、斜挎包等看似不起眼的新潮，以及我们的国学热等等，无不反映出一股强劲的"回头看"倾向。但这回的新旧磨合跟过去很不一样，对人类进化和基础科学

"双停滞"的担忧，是具有全局性的根本问题，而人类在这颗星球上的视野已经快要接近天花板了，科技体在地球村里的腾挪余地也越来越小，未来的发展问题不可能囿于地球，只能寄希望于人类出壳把天花板打开、拉高后得到解决。因而"回头看"越来越不管用了，新理念产生的源头将逐步转向太空。

这几年天文学领域的进展举世关注，引力波获得观测证实、首张黑洞照片发布等都引起了社会公众的强烈反响，这也反映出焦虑的人们无意中的一种热切期待。我们都知道洪堡创办的柏林大学奠定了现代大学的

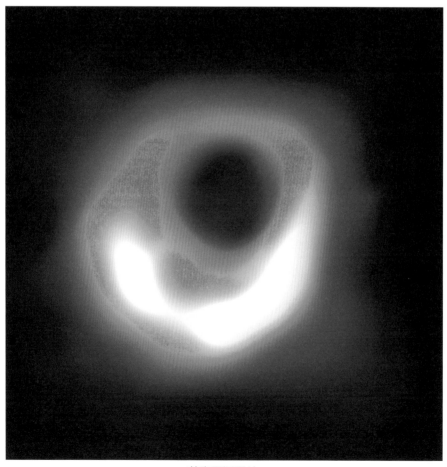

首张黑洞图片

根基，从那以后200多年过去了，大学已成为知识生产、思想供应的主力军，如今顺应出壳大潮仍要靠大学早转观念、领风气之先，只盯着地球上闭门造车将难以担当起历史责任。令人欣慰和巧合的是，就在本书稿修改之际传来了一条消息说，2019年3月27日清华大学正式成立了天文学系，这无疑是值得点赞的赶潮之举。眼下人类正处在一场心智思维巨变的前夕，大学在迎合出壳转折过程中不仅是观察者更是参与者，学科建设、人才培养、科研立项应该朝何种方向用力是不言而喻的，这本身就是一种观念的转变。

在出壳这样一种全新文明的生成时期，哲学作为时代精神的体现，注定要应对这场巨变。事实上，科技体演化在最近几十年里引发的人类行为方式、思维方式和生活方式的迅速变化，给哲学提出了层出不穷的前沿问题，关于数字化、虚拟现实、人工智能、基因编辑、持续发展、科技伦理、人的发展等各方面的哲学思考，已经显得应接不暇了。尤其是针对全球化问题的哲学思考，要着眼于地球整体范畴对经济、政治、文化、民族及人类命运重新进行全方位的忖量，世界各种文化必然开展一场史无前例的碰撞与磨合，从而寻求全人类"共存、共赢"的发展新理念。可以预料的是，随着愈演愈烈的全球化趋势逼近出壳时代，传统的民族、国家将从目前的"显性存在"方式日益演变成未来的"隐性存在"方式。在此过程中，哲学思想也必将彻底打破过去地域壁垒长期形成的思维惯性，走向相互取长补短、日益融合。具体说来，就是东西方智慧全面实现互补、整合。

众所周知，"东方"和"西方"早已成了人类两大文化门派的代名词，其实它们在人类文明早期发展的起点上几乎是并驾齐驱的，以古希腊、古罗马为代表的西方文化和以古印度、古中国为代表的东方文化，二者都创造了灿烂的古代文明。只是由于思维体系的差异，后来分别沿着不同路径发展，才在近代以来导致了东方与西方国家发展程度的明显差异。

现在说这两种文化孰优孰劣还为时过早，毕竟短短几百年的发展变化并不是人类历史长河的全部，现在还远远没到下终极结论的时候。就像有人比喻的那样，东西方文化犹如中国两条最大的江河，发端于青藏高原上的雪水分别选择了不同的路线流淌，从而形成了长江与黄河这两条各具特色的江河[73]，在不同地段的流速有快有慢很正常。我们也无须讳言，西方文化近代以来促进了科技体的问世，进而带来了整个人类社会的长足进步。正因为这样，东方许多国家慢慢已经接受了科学思维的理念，一样赶上了现代化的步伐，这是人类先进文化共享的体现。

我们应该关注的是出壳时代即将来临，人类面临的新主题和新问题都具有空前大转折的意义，固守原有的地域哲学范式，是难以凝练出全新的时代精神的。出壳将要走向广阔的太空，人类社会的命运、与太空自然的关系、与科技体的互动、普适的伦理、道德的重建等等，这些都需要价值定向和人文关怀的整体思考。从这个意义上说，中国哲学代表的东方文化用"天""道""命"等宏大观念诉诸价值理性，强调整体感性、注重道德伦理、调和群体矛盾的思想，更符合人类大规模涌向太空的理念重构。实际上，地球作为宇宙中一粒小小的"尘埃"，人类眼里的"东方"与"西方"只是即将过时的井蛙之见，东方文化和西方文化都是我们这颗旋转着的星球上整体文化的组成部分，从根本上不存在无可调和的必然对立，存在的只有思维方式融合、智慧互补的可能。有道是黄河长江终汇大海，东西方两种文化的必然整合是人类出壳的大趋势决定了的。当然，全面的整合可能要在地球以外实现了。

地域文化壁垒的破除并不意味着万物归一，哲学智慧的融合也不代表着其他社会意识都会如此。譬如宗教就大不一样，它可能会按另外的套路出牌，在出壳过程中上演一幕跌宕起伏、甚至回潮复辟的剧情也不奇怪，这是需要人们足够重视的。进入21世纪以来，世界各国出现了宗教复兴的热潮，据皮尤研究中心（Pew R.C）的调查报告，在全球约四分之三的国家中，信仰宗教的人口都已占到了这些国家总人数的大半。与此同时，宗教极端主义发动的恐怖袭击、邪教组织制造的恶性事件也频繁出现在各地，从"基地"组织、"伊斯兰国"到日本的奥姆真理教、非洲的"博科圣地"，以及中亚的泛伊斯兰运动、东南亚的佛教激进化、南美的五旬节运动等等，让地球村遍感不安。很多人以为，宗教的复兴是全球化及信息传播技术发展的结果，其实这只是表面的原因。我们都知道，宗教在过去几百年间已经历了世俗化改革，在此过程中科学每前进一步都是对超自然力量的挤压，宗教也必然要相应后退一步，人类社会就是这样从宗教神权的控制中一步步解脱出来，不断走到今天。然而近几十年来自然科学发展明显放缓，对宗教的挤压力度有所松懈，给了宗教很大的反弹空间，这才是宗教复兴的深层原因。

事实上，科技体在引领人类前进过程中取得的一项重大成就，就是把宗教从社会主流逐渐向社会边缘挤压，让人类的科学理性在与神灵教化的博弈中占得了上风，也迫使宗教不得不收敛锋芒而暂时进入一种"韬光养晦"状态，以世俗化的"行善"面目继续存在。尽管宗教各大门派如今都反复重申宗教的目的是"爱"与"和平"，但我们不要忘记，每种宗教都有界定生与死的整套教义，不仅解读"我为何而生"也同样解读"我为何而死"，往前再解读一步就是"为何而战""为何而杀"。因而当代宗教极端主义和邪教的蔓延，是与宗教的全球复兴直接相关的，虽然大多数"正统"的宗教信徒并不赞成作恶，但某些宗教的原教旨主义衍生出一些极端派别是难以避免的。然而这种状况不会一直持续下去，随着出壳时代的来临，科技体本身将迎来一场空前的发威，对宗教的挤压力度也将是前所未有的，焦虑中的很多世人也会随着天花板的打开而有了心灵寄托的新途径，到那时，宗教将被迫作出更大的让步。

但对于近期宗教复兴出现的问题，眼下并没有理由盲目乐观，特别是对宗教极端主义和邪教的威胁要有清醒认识。有不少人分析宗教复兴的趋势，察觉到了当代出现的一些新动向[74, 75]，认为全球化正在促成各种宗教的融合，甚至认为宗教与科学也终将殊途同归走到一起共同揭示宇宙真相。这种观点也许本着善意的愿望，希望引导各种宗教寻找最大公约数，以缓解当下宗教之间及宗教与世俗的剧烈冲突。但是，世界上一些地方目前出现的宗教混合只是一种表面现象，"不可信仰别神"这种教义才是本质，说几大宗教体系将实现融合或统一，这一点断无可能。道理很简单，不是一种"神"进不了一家门，说宗教跟科学融合更是一厢情愿的臆想。宗教虽然给予人们的是神灵力量的允诺，但它依然是人类的社会意识，各种宗教无不期待自身教义中的神灵一统天下。例如基督教宣扬耶稣有朝一日会回来，要在地球上建立一个永恒王国的理念，就是它的一条中心教义。就人类出壳以后更长远的未来而言，宗教在蛰伏一段时期以后卷土重来可能还会更猛烈。这是因为，人类涌进太空无疑又会积累起新的焦虑，宗教在地外分散居住情况下折腾的空间更大，某些原教旨主义以极端方式征服人们的心灵变得更容易，说不定在一些小星球上让"政教合一"大面积死灰复燃也是有可能的。

社会意识终究取决于社会存在，我们更关注的还是出壳之初的一些变化，文学、艺术、社会思潮等各方面都将围绕着"太空热"而表现出浓烈的新创意。太空题材的文学作品无疑会大增，过去的科幻文学缺乏太空真实生活的素材，出壳后文学家们的创作灵感将受到太空情景的大举激发，以更丰裕的生活源泉带来整个文学的振兴。前所未有的太空艺术新形式也将大量展现，失重或微重力环境下的舞蹈、杂技、武术等，以及新型太空乐器、摄像器材等都会给人们带来更多的美感享受。这些新生事物的出现，对丰富人们的精神生活是不言而喻的。

但一些不良习俗也会沉渣泛起，或许还有了趁势扩张的机会。譬如前面提到过占星术的复兴，以及请神降仙、驱鬼治病、相面算命、测看风水等迷信活动，在太空可能更接近"鬼神"的视野，也就更有欺骗性。还可能出现的一些社会思潮，譬如物种的泛平等主义思想等，在短期内或许难以界定是正能量还是负能量。最近几十年来关爱动物的呼声日益高涨，文明的发展已在全世界形成了大同小异的"爱心"价值观，虐待动物是不能容忍的行为。然而出壳时代各种动物进入太空会越来越多，动物无疑也是未来太空生态链的组成部分，但人类尚无办法跟绝大多数动物进行简单沟通。几乎可以肯定的是，动物们在出壳早期会有大量死亡，其中很多灵长类动物还要先行先试"代人受过"，在不同的太空环境下进行生存试验，惨死无数不可避免。这样一来人们保护动物的"爱心"将大受伤害，泛平等主义思想有可能在全球迅猛兴起，这对人类的出壳进程会有怎样的影响？类似这样的一些问题人们应当未雨绸缪，及早作应对的考虑才是。

9. 千里之行始于足下

人类正处在大伸展的前夜，出壳的前哨已经由马斯克、贝索斯这样一些为数不多的先行者零星打响，同时他们还设想出了人类大规模走进太空的一幅幅理想图景。

然而更多的人只是在观望、期待，追随者还远未形成气候。对马斯克说的"要在100年内将100万人移民到火星"的小目标，以及贝索斯声称的"数百年后将有一万亿人生活在太空"的豪华情景，很多人将信将疑不以为然，认为那也许要等到很遥远的未来，甚至认为根本不可能实现。把先行者们理想化的预测当作遐思妄想，最主要的理由就是，人们在太阳系至今没有找到任何宜居星球。假如要把火星改造成为一颗宜居星球，必须要做的事情包括造出一个磁场以保护大气不流失、融化两极的二氧化碳制造温室效应、解冻水资源让火星表面湿润、移植藻类等植物以制造氧气、改良土壤使之适合种植等等，如此浩大的生态改造工程绝无可能用百把年时间完成，起码也需要数千年甚至上万年才能实现。何况还有大量的技术

"拦路虎"未必能拿下，耗资上亿美元的"生物圈二号"试验以失败告终，更是为人造生态系统的艰难性做了个沉重的注脚。总之移民太空八字还没一撇，上下求索的道路还很漫长。

这种信条乍一看似乎蛮有道理，实则是人们在当今出壳前夕作茧自缚的一种认识误区。我们首先应该看到的一个基本事实是，载人航天及成功登月早已证明，人类走出地外是可以存活的，尽管离开了航天器或航天服的环境会很快毙命。其次要看到的是，人类对生存环境有着适应性进化的能力，"大裂谷"东部那样的环境差异恰恰就是进化的源动力，尽管环境差异越大进化的过程会越复杂。从来就没有哪一个天条规定，人类只能祖祖辈辈永远在一种固化的环境中生存。其实陆地动物的祖先们经过一代代进化，早就离开了最初起源的大海环境，在完全不同的岸上新环境中，改喝淡水照样能生存繁衍到今天。还应该看到的是，基因变异作为生物进化的物质基础，在太空发生的速度比在地球上可能更快。美国西北大学最近通过基因组分析的一项研究表明，生物体（细菌）在太空适应性生存中发生的基因变异很明显。宇航员Scott在国际空间站生活了不到一年，其体内的部分基因就出现了不可逆的变异，这点也已经被初步证实。实际上，在太空移民的可行性问题上，多年以来都是单向强调环境的宜居性，一面把地球生态看作是僵化的"标准模型"，一面也轻看了另一个方向上人类的适应性进化能力，更忽视了生物进化呈现出的总体加速趋势。"生物圈二号"也是试图单向模拟出地球的一个小生物圈，以便把这种生态环境向太空完整复制，而没有在生物与环境的双向互动方面多做考虑。这种长期形成的单向视角，就跟一眼看到了人口膨胀的弊端而看不清益处一样，是造成认识误区的主要原因。

在科技体壮大之前的漫长岁月里，生物进化一直按照适者生存的自然规律进行着，"天择"是唯一的进化路径。然而最近半个多世纪以来，"人择"的进化路径悄然出现了。已经展现在世人面前的"人择"路径有两条，最直接的一条就是生物的基因改造。对太空移民持乐观态度的不少人，都对打造新的"基因人"寄予厚望，相信人类通过重塑自身一定能够适应太空生存。但是，我们目前还没有充分理由通过改造基因去干涉人类的自然进化，盲目"试错"有可能带来全人类的万劫不复，因而反对"基因人"不仅是人类必须坚守的伦理底线更是安全底线，这一点我在前面已经谈到过。此处要说的是另一条"人择"路径，那就是打造宜居环境。对人类出壳来讲，打造宜居环境并不是要像"生物圈二号"那样复制地球生态，而是要根据不同星球的情况去营造最低限度可供人类生存的环境，或者向最低限度逐渐接近，从而为人类的适应性进化创造条件。这种"人择"其实是迎着人类的自然进化而去，在本质上还是回归到了"天择"。空间站和载人航天器内的环境，其实就是一种可供人们短期生存的宜居环境。这样的成功"人择"实践让人们有理由相信，随着科技体的不断发力，在太空一步步打造更大规模、更多样化、更具生态循环性的宜居环境是能够做到的。

无论是"天择"还是"人择"，就物种进化的长远前景而言，人类在地球以外的适应性进化很可能演化出生物学意义上的新物种，也许分散在太空各处还不止一种，不妨统称为人类新亚种。但这种进化跟当年南方古猿演化成现代智人的情况有所不同，未来的人类新亚种是我们这些原种智慧人类的继承者，也是地球文明在宇宙太空的延续者，他们将有更高级的智慧和科技手段去应对进化过程中出现的复杂问题，我们现在不需要也不可能对遥远的未来作出更多的预测。

回到近期的出壳问题上来说，我们更应该看到的是，"天择"与"人择"其实是相向而行的两股力量，并且这两股力量都在积蓄当中，潜力的发挥之日就是人类出壳之时。火星与地球的差异无疑比"大裂谷"造成的环境差异更大，生物适应性进化在新动力的激发下必然会改变眼下"停滞"的趋势，"天择"东山复起是明摆着的。地外宜居环境的打造更有着巨大的潜力，科技体日新月异地演进，必将为"人择"力量的不断增强提供有力支撑。外星球环境的千年改造姑且不论，起码在今后几十年内兴建太空驿站及在月球、火星上建设人类暂栖基地的可行性是毫无疑问的，而且这样的暂栖基地将会越建越大、越建越好，通过一年年积累，在太空建起成千上万个栖息基地又有什么不可能的？同时我们还要看到，"天择"与"人择"相向而行也将加快人类的适应性进化，至少会逐步延长人们在太空生活的时间，天长日久的"微进化"会让更多人习惯于长时间驻留太空。因此，无须等到遥不可及的未来，亿万人进入太空的壮观局面就很可能变为现实，马斯克们的预言绝不是痴人说梦。而且随着相关技术的突破和出壳序幕的拉开，人类涌向太空的进程可能比我们预想的要更快。

"忽如一夜春风来，千树万树梨花开"。回顾地球往事也许会有不少启发，我们这颗星球上许多重大变故都是在短期内突然间发生的，厚积而薄发似乎是一种普遍现象。很久很久以前，寒武纪那场生命大爆发就是这样，缓缓进化了30多亿年的地球生物，不鸣则已一鸣惊人，在一个短时期内突然冒出了大量新物种，此前却连一点化石痕迹都找不到。人类的发展也是如此，从一种普通的中型动物慢慢攀上了生物链顶端，饮毛茹血的日子过了几百万年仿佛一下子就跳进了文明社会，在这之前的变化细节我们至今还不清楚，要靠艰辛的考古拼凑出一幅幅残缺不全的图景。紧接着还是这样，日出而作日落而息的农耕生活数千年也没什么改观，又是在一场蜕变中迅速展开了工业化和城市化。这样的重大变故或许不能简单概括为从"量变"到"质变"这么两个过程，而更像是我们还不完全清楚的"涌现"规律，在"质变"前夕应该还有个短暂的"预变"阶段，这是突然间爆发最关键的启动环节。好比Scott身上发生的那点基因变异一样，假如说他在地面上的常态生活是"量变"，他体内的基因发生不可逆变异是"质变"，那么他在太空逗留期间就经历了短暂的"预变"阶段。我们往往忽略了"预变"这个环节，特别是对生物整体进化和社会转型这样需时较长的变故，每个人都没有足够长的生命去感受整个过程，事后注意到的只是"质变"本身，而把"预变"归入到"质变"全过程中去了。

其实我们仔细揣摩一下科技体引发的当代社会生活"质变"，还是能在一些方面感受到"预变"的。我直到参加工作以后好几年，从未使用过任何移动通信设备，那样的生活习以为常了也没感到有什么不便。1992年我有了BB机，那是很多都市人最初的无线联络工具，先是简单的数字代码机，一两年后又有了文字显示机。把那小玩意别在腰间感到挺有用，起码别人可以随时呼叫我了，这是一种空前的变化。按照从前的思维习惯我总觉得，这种价值千元的通信设备至少也要用上十来年时间。当时移动电话已经出现在市面上，像块大砖头一样笨重且价格昂贵，是少数大款们的奢侈品，我们平民百姓连想都不敢想。哪料到过了没几年，BB机（寻呼机）就悄然退出了历史舞台，同时移动电话的小型化和价格的迅速降低，让普罗大众的通信联络都用上了小手机。转眼到了2012年，智能手机又大踏步登台亮相，人们的社交方式、信息空间都得到了极大的扩展，这无疑是社会生活的一场"质变"。回过头来看，这一切全是在20年间发生的，变化速度之快超乎人们想象。我也算是这场"质变"的一个亲历者，当年的BB机改变了我的通信联络方式，从无到有对我来说就是"质变"的开始，但跟现在智能手机时代的"质变"又不可同日而语，硬要说"质变中也有量变"那就太简单化了，实际上也轻视了这个关键环节。从BB机到智能手机，其实就是"质变"爆发前的一个"预变"过程，启动了这样的"预变"才会有接下来摧枯拉朽般的大变化。我们当代人都很幸运，赶上了科技体猛力发威的时代，可以切身感受到不少这样的"预变"过程，假如身处过去的缓慢发展时代，那就只能把每种巨变都笼统归结为从"量变"到"质变"了。显然，社会变革的"预变"过程是切实存在的，不仅是通讯方式这样的局部性"质变"会先有"预变"，人类发展的整体性转折也一样要经历"预变"过程。种种迹象表明，我们现在可能恰好就处在一次更大的"预变"开始的时候，这是一场前所未有的历史大转折，科技体携手人类一旦走出地外有了大伸展的广阔空间，困扰现代人的各种焦躁、疑虑就会在这场大转折中涣然冰释。眼下我们不能被"双停滞"的表面现象所迷惑，而是要有效推动"预变"进程去迎接出壳巨变的爆发。

推动"预变"进程需要各种力量共同行动、多方参与，今后一个时期在全世界一旦吹起了"集结号"，传统的"创新驱动"将全面转向"出壳驱动"。民营航天崛起、低成本运载火箭研制、"新太空"运动、登月热升温、载人火星探测、卫星轨道资源争夺、小行星采矿勘探，这些"预变"的迹象现在还被不少人简单看作是又一波航天热。这种表面化的理解，往往带着既很期待又很麻木的心态，一方面看着航天探索的成就感到兴奋，多么伟大多么壮观；另一方面觉得那都是花大银子的事谁爱干谁先干吧，毕竟脚下一大堆现实问题还等着解决呢。

尤其是近年来"双停滞"表象带来的焦虑，几乎让全球精英的关注点都围绕着创新驱动在转，盯着各个领域言必称创新、处处搞创新，却不知更强大、更长远的创新着力点何在。加大基础科学研究投入，指望改变目前蹒跚缓行的局面；在军事技术上再下大功夫，试图重演当年原子弹、阿帕网（Advance research project agencg network）带动新技术兴起的一幕；扩大基础设施建设投资，巴望着通过增加和改善交通、信息、能源设施拉动创新创业；加强教育培训建设力度，希望培养出更多更优秀的创新人才，等等。这些举措对于摆脱眼前的困境不能说是无效劳动，但实际上采用的是"老树开新花"的种种旧套路，不客气说都是丢西瓜捡芝麻的短视行动。科技体引领人类走到今天，创新动力衰减是个全局性的大问题，头痛医头脚痛医脚难以彻底改观，出壳伸展才是一揽子解决问题的新途径，而且出壳本身必然伴随着自始至终的全面创新，也涵盖了创新的本意。

现在出壳"预变"的迹象已经显露，这正是顺势而为将"创新驱动"逐步演化，上升到"出壳驱动"的时候。因此，出壳爆发前的"预变"迹象绝不只是又一波航天热的到来，也不是过去登月为了彰显人类的"一大步"，而是关乎人类未来全面走向太空的前期行动，用贝索斯的话说"不但要重返月球，更要长期留下来"。留下来当然不是少数人的事，让成千上万还在观望中的麻木者尽早惊醒，加入共同行动中来，则"预变"进程必然加快。

出壳爆发前的"预变"过程，从本质上说是科技体在地球上最后一次发威、变革的开始，接下来它就会引领人类进入一个全新的大伸展时代。人类的整个出壳进程，可能有那么点《出埃及记》故事的味道，科技体就像是现代的"摩西"，将领着地球上芸芸众生一起走出家园，阔步挺进宇宙深空。出壳之路就在脚下，人们都应该紧紧跟上。

10. 向智慧星系进化

我们如今生活的地球家园呈现出一派"平和安稳"景象，这不过是亿万年演化过程中一个短暂的阶段。就在这段难得的"平和安稳"期，人类脱颖而出进化成了万物之灵并且创造了灿烂的文明，让千千万万种生物共同拥有的这个大家园成了一颗智慧星球。地球以外是否还有其他生物目前还暂无定论，但几乎可以肯定的是，我们是整个太阳系里唯一的智慧物种。然而我们没有沾沾自满的理由，因为地球的寿命是有限的，"平和安稳"也是暂时的，而且危机四伏随时可能发生灭顶之灾，诸如极端天气灾害、小行星或彗星撞击、超级火山与地震，太阳活动剧变、临近的超新星爆发、核战争等因素，都足以毁灭整个地球生态。人类文明在这颗星球上终会有彻底结束的一天，这是毫无疑问的。要想延续地球文明的火种，人类唯一的途径就是勇敢跨出地外，走进太阳系继续进化、继续发展。出壳的结果，也会让我们所在的星系有更多的星球能够养育生命，进而由单一智慧星球向多个智慧星球转化，把整个太阳系演化成一个出神入化的智慧行星系。

智慧物种是不是生物进化的必然方向，科学界至今仍是迷雾一团，两种意见各执一词。假如是必然的，我们既然已经出现并且是这个星系唯一的智慧物种，那就理当向更高级的智慧进化，半途而废毁于一朝岂不可惜？也会给未来新的智慧物种落下笑柄。假如是偶然的（更多人倾向这种观点），那就更要珍惜自然选择的天大恩赐，责无旁贷地担当起构建宇宙文明的责任，也许真的是天降大任于地球人。

人类学家们早就注意到，文明的扩增可能与能源的消耗息息相关，在地球这样一个有限的时空内，文明能否长久进步取决于能源的跟进。这点说起来倒不难理解，工业化和城市化带来了文明的空前进步，也导致了能源消耗的指数级增长，像比特币这样一种小小的发明，就引来了全世界无数"挖矿机"日夜不停地耗电运转。前些年很多人都不太理解，位于西部地区的贵州既没有高新技术的厚实底子也没有人才聚集的优势，何以打造出了一个国际化的大数据中心？这几年大家明白过来了，那在很大程度上是由于贵州电力充足、电价更低使然。事实上，科技体推动文明进步的同时必然要大量耗能，这道理显而易见。1964年，苏联天体物理学家卡尔达舍夫提出了一套文明程度的测量方法，他认为文明发展从低到高将有三种类型，分别为Ⅰ型、Ⅱ型、Ⅲ型。Ⅰ型文明是母星球文明，能够掌控地球上全部的能源；Ⅱ型文明是行星系文明，能够收集调配整个太阳系的能源；Ⅲ型文明是恒星系文明，能够充分利用银河系的能源。后来美国天文学家萨根在此基础上，又将这三种文明按照能量掌控的尺度分为10个等级，并测算出人类所处的文明程度为0.73级。也就是说，人类现在连Ⅰ型文明程度还没达到。

这个结论并不让人感到奇怪，起码我们对核聚变、可燃冰这样的能源还没有掌控，甚至连太阳能利用也还处在一个低端水平上。最近，美国物理学家和未来学家Kaku在其2019年刚出版的《人类的未来：我们在宇宙中的命运》[76]一书中提出，人类将在今后100年左右达到Ⅰ型文明程度，这期间是人类能否顺利转入Ⅱ型文明的关键，也是一个非常重要的转折点。他的这个说法，与我们前面所讲的"预变"过程有着异曲同工之处。假如"预变"不能尽快推进，除了小行星撞击之类的毁灭性风险加大以外，科技体发展带来的能耗剧增有可能让全世界应接不暇，还可能引起老龄化危机的加重，甚至可能激发全球性的"窝里斗"冲突，不管怎么说都会给人类文明进程造成麻烦。Kaku还认为，人类一旦转入Ⅱ型文明阶段，在相当长时期内就不会再有已知的任何力量能灭绝文明，就算有月球大小的星体撞向地球，人们也会有足够的办法避开。这一点也许过于乐观了，但确实也要看到，出壳对于人类和科技体来说都是空前的大伸展，人们驱灾避害的整体能力必然会上升到一个更高的水平，在太空有了广阔的腾挪余地，起码保住地球文明的火种不成问题。

星系文明的建立不是人类唱独角戏，而要以物种的多样性为前提。实际上，人类在打开出壳之门向太空迁徙的同时，其他生物也必将随之大量进入太阳系各处。现今生活在地球上已确认的物种约有170万种，加上未被发现和已经灭绝的，估计我们这颗星球上存在过至少上亿种生物。在过去漫长的几十亿年中，物种缓慢的自生自灭、突然的大爆发大灭绝，日月交替周而复始，造就了生生不息的物种多样性。这种多样性是生物进化的一种动态属性，在自然选择过程中总会显示出不断扩散的趋向，蔓延到不同的生存环境中演化出更多的新物种。我们从一些动物"微进化"的结果可以很明显看到这种属性，譬如青蛙在全世界大约有190种，如果再算上不同科属的节蛙、赤蛙、树蛙等，蛙科类动物至少有650多种，它们的体态、习性各有差异，包括水陆两栖、穴居、树栖、陆栖、水栖等多个种类，分布几乎遍及各大洲，在一些偏僻的岛屿上甚至北极圈都不缺位，从寒带到热带，从高山到平原，从大森林到小溪流，都能找到它们的踪迹。哪有空间哪安家，变模样改习性在所不惜，这就是扩散出来的多样性。其实人们关注的物种多样性降低问题，不仅在于人类扩张挤占了大量地盘，还在于生物扩散在地球上本来也没有太多余地了，该找的空间都找得差不多了，物种失去了"后起新秀"的补充，当然是灭绝一种少一种了。然而我们也要看到，尽管工业化以来物种灭绝的速度在加快，但人类塑造新物种、拯救濒危物种的本领近年来也在迅速增强，物种多样性的总体格局没有也不会改变，科技体打造新物种的能力如今已不可小觑。

出壳虽然开辟了广阔新天地，但物种多样性的建立不会一蹴而就。地球生物迁徙到外星球上直接存活的可能性不大，而是先要在人工基地内存活下来，然后由内向外逐步迁移，经过一代代适应性变异，天长日久才有可能在天然环境中慢慢生存，但也不排除像固氮菌那样的微生物在含氮星球上很快能参与氮循环的可能。植物在外星球上的存活，要在具备氧气、水、二氧化碳等基本条件的环境中，才有可能慢慢适应而产生光合作用。但是，叶绿素、胡萝卜素、黄素等都只是吸收太阳光谱某一个有限波段的光波，这为各种植物在外星球上的适应性进化留下了很大的想象空间，当然也不能排除一些植物采用甲烷、一氧化碳等其他气体参与碳氧循环的可能。动物的适应性进化要更复杂些，但道理大同小异。总之生物在外星球上的进化有着充足的余地，如果用不断发展中的基因技术再助一臂之力，物种多样性的建立无疑会更快，"火星蛙""土卫六蛙"这样的新物种将如雨后春笋般出现，到那时，太阳系将迎来一轮壮观的"生命大爆发"。

对这一前景的展望，即使不考虑科技体打造适应性新物种的因素，也是可以乐观期待的，只不过会需时很长。我们现在对生物进化的认知还处在"地球生物学"阶段，所谓生态的宜居性也是按地球环境来演绎的，把这样的"标准模型"推而广之到整个太阳系，眼下还缺乏充分的依据。其实我们这颗星球上就已发现了一些极端微生物，它们能在各种极端环境中存活，包括嗜热、嗜冷、嗜酸、嗜碱、嗜压、嗜金、抗辐射、耐干燥、极端厌氧等多种类型，这些生命的存在用普通生物学常识难以解释。由此可以推测，像土卫六那样有大气层、有液态物质流动的星球，怎么就能下结论说不适宜任何生物存活？千千万万种地球动物、植物、微生物，全都不可能通过适应性进化在那里存活下来，不试一试就得出这种结论岂不是武断？把"地球生物学"当成是宇宙绝对真理，至少是很不靠谱的。实际上，地球各处的生态环境也是千差万别的，只是没有星际差异那么大而已。地球上也有很多不毛之地，像美国内华达州的大沙漠原本并不适宜任何生物存活，撒播了骆驼草、仙人掌的种子慢慢也就出现了成片绿洲，这起码说明生态环境可以通过生物的介入而慢慢改善，对宜居性不能作僵化理解。在太阳系其他星球上，生命从无到有的自然进化确实很难，但撒播了生命的种子就相当于越过了一段漫长的艰难演变，情况也许会完全不同，非宜居的环境选择出一些适者生存的物种是有可能的。人类出壳就是要扮演播种机的角色，把地球上生命的种子撒播到太阳系的一些不毛之地，让更多星球逐步摘掉"非宜居"的帽子。

地球生物在古生代初期曾经历过一场生态环境的大转折，生物慢慢从海洋里迁徙到了陆地上，这其实也相当于一次"出壳"。对所有的海洋生物来说，那个时候的陆地枯寂、荒僻、炎热，就像现在的火星一样完全是另一种世界的"非宜居"环境。现在陆地上最低级的蕨类、藻类植物，其前身至少经历了上亿年的进化，才从水中适应了陆地生存。植物在水中是以悬浮、飘逸的方式生活，无须机械茎系统的支撑，直接从海水中吸收营养成分也没有专门的根系器官，营养物靠均匀浸泡获取也无须维管传输系统，起初这种"三无"状的水生植物根本无法在陆地上生存。从水中到陆地失去了浮力，必须有茎系支撑起机体，也必须有根系扎进土里吸收营养，植株从下端到上端还必须靠维管系统传输养分，这样的适应性进化无疑是极其艰难的。然而，自然选择终究完成了这次艰难的"出壳"进化，一方面造就了适应陆地生活的植物新种类，另一方面也慢慢改变了陆地上的生态环境。陆生植物的出现及大量繁殖，在脱落枝叶的作用下促进了地表土壤的形成，水土保持又反过来促成了更多植物的生长。更重要的是，陆地上有了大量绿色植物对气候的调节，为水生动物的登陆进化创造了前提条件。

发生在地球演化史上早期的这次"出壳"壮举，至少给我们很重要的一点启发便是，"鱼儿离不开水"绝非亘古不变的天条，一旦离开水产生了适应性变异，那就是生物进化的一场大飞跃。人类正面临的出壳进化，将在太阳系重现这种飞跃。所不同的是，这次出壳迁徙不仅要靠"天择"的力量，更有"人择"的智慧在支持，虽然会跟当初"鱼儿登陆"一样艰难或更甚，但成功的把握更大、前景更可期待，这本身也是人类智慧向太空扩散的重要内容。

然而换个角度来看，物种的灭绝似乎是生物进化的一种必然逻辑，旧的不去新的不来，人类岂能躲得过灭绝的命运？按机械的进化观念去理解当然是不可能的。的确，物种大灭绝每隔一段时期总会发生，生物考古已证明历史上至少发生过5次生命大灭绝，曾在地球上出现过的99%以上的物种都已不复存在，它们的尸骸早已深埋地下变成了如今的煤炭、石油和天然气。大灭绝的原因来自不可抗拒的突发性灾害，每次大劫之后的生态环境都是一场巨变，只有极少数低等生物能够侥幸存活下来，高等动物经不住折腾几乎都要全军覆没，就连曾经的霸主恐龙也不能幸免，整个生物链也都要推倒重建。能够躲过大灭绝幸存下来的物种实在是凤毛麟角，据说银杏树、海绵动物在过去的2亿多年内基本上保持着性状不变，但即使这样的低等生物也数不出几种来。而现有的绝大多数物种都是在第五次生物大灭绝以后出现的，发生在距今6 500万年前白垩纪末期的那场大劫，是一次全球性生态系统的崩溃，罪魁祸首可能就是人们常说的小行星或彗星群的撞击，也就是在这之后才有了哺乳动物的大举进化。人类这个新物种当然也是在此过程中出现的，并且在漫长进化中不断变异，早已不是最初的物种了。咱们知道自己的前身是几百万年前的一种古猿（很可能是南方古猿），古猿之前也许是猩猩、猴子，再上溯就全然不知是什么物种了，或许要往阿猫阿狗黄鼠狼身上去猜，简直是不堪回首。

在间隔时间较长的突发性大灭绝之间，很可能还有周期性的物种灭绝事件。据荷兰Utrecht大学近年来的研究报道，考古学家对过去2 200万年中已经灭绝的132种啮齿动物的8万颗化石牙齿进行了分析，发现这些哺乳动物的灭绝与地球公转轨道的周期性变动有关[77]。研究表明，地球公转轨道每隔250万年就会从椭圆形变成圆形，当公转轨道接近圆形时地球上的气候就会比较稳定，而当轨道进入椭圆状态时地球上的气候就变得更极端，最后将进入寒冷的冰河时代，导致大多数生物无法存活而灭绝。智人是在上一个冰河时代以后出现的，距今已存在了25万年左右，按照地球公转轨道的变化周期计算，人类大约在225万年后就会面临又一次冰河期，可能难逃彻底灭绝的厄运。即使人类到时候有办法应对而躲过大劫，也必将在接下来至少几千万年的漫长冰河期进行适应性进化，迟早还是会演变为一种能够抵御极寒气候的新物种。因此，无论是留在地球上还是走向太空，现代人类最终都要适应新环境而变异变种，从物种进化角度上说灭绝是不可避免的。

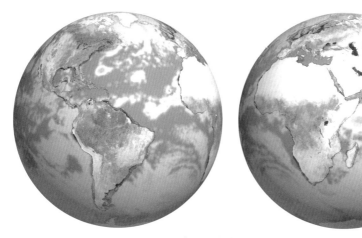

冰河期的地球构想图

但是，出壳在外星球上进化成不同的人类新亚种，与地球史上历次"推倒重来"的进化意义完全不一样。过去的周期性灭绝、进化，都是不带有文明延续意义的自然演变。人类以前走过的变种之路，也是从动物界野蛮"天择"而来的进化，我们的前身是南方古猿或更早的小动物，它们对人类来说只有机体结构方面的物质性传承意义，而没有精神上的延续和寄托。但我们现在已经进化成了智慧物种，几乎可以肯定这是地球上亘古未有的情形，我们需要延续的是人类创造的灿烂文明，至于机体结构方面的"万岁万万岁"，既没有可能也没有必要。进入太空以后的人类新亚种，哪怕演变得像有人猜测的那样（脑袋大眼睛大、四肢短小，甚或面目全非）也无伤大雅，他们是人类文明的继承者，跟我们这些先人有着无法割舍的联系，"推倒重来"的只是机体而不是精神。

也许在不同的星球上将来会出现多个人类新亚种，模样虽有明显差异，但大家都有着共同的文明基础，会让地球文明以多个人类亚种的形式继续发扬光大，进而创造出更辉煌的星系文明。好比我们这颗星球上现有白色人种、黄色人种、黑色人种、棕色人种，彼此虽然是在不同的生态环境中进化而成，却共同打造出了地球文明。从这种意义上讲，未来的人类新亚种分散在太空各处是我们的理想追求，只要智慧文明的火种不熄，人类在外星球上的继续进化将永远不会重蹈大灭绝的覆辙，我们这些现代人也不会成为新亚种人类眼里的"南方古猿"。正因为智慧文明的延续具有更伟大的意义，机体结构的变异就显得无足轻重了，这将是星系文明的一个特征。

就亿万年后更长远的未来而言，太阳系文明在地球文明的基础上，可能还会出现多元化发展的态势。人类出壳以后，将在太阳系大大小小的星球上撒播地球物种，天长日久驰而不息，很可能在不同星球环境中会出现变异更快的物种，它们比人类更能适应特定环境，也许最终会进化出一些新的智慧物种。但我们有理由相信，人类的智慧也会随着进化而不断提高，到那个时候，将会找到不同星球、不同层次的文明和谐相处的办法，多元化智慧物种共存、共荣的局面，或许是星系文明与星球文明的显著区别。人类作为太阳系文明的开创者，不但要有提升自身文明水准的雄心壮志，也有责任和义务带领芸芸众生走出地球，去打造全星系的新生态和新文明。

从地球文明进化到太阳系文明，这是人类出壳的最大意义。我们这个智慧物种从单一星球上的生活，发展到能够扩散并主宰整个行星系的程度，这无疑将是人类文明的巨大跃进，也是对整个宇宙的一大贡献。因此，向智慧星系进化，将会成为出壳时代的最强音。在人类大规模走出地外的前夕，科技体日新月异的进步是主要的引领力量，今后一个时期科技体理应更多地聚焦出壳大方向，让这一时代的最强音早日奏响。

四

险兆

　　万事开头难这话没错，人类走向大转折的开端更是如此。

　　出壳时代尤其是出壳早期会很艰辛，遇到各种各样的风险在所难免，有些险情说不定还会很凶猛。

我们可以想象得出，野生环境下的鸡蛋孵化充满了凶险，当一只小鸡仔刚刚破壳而出的时候，它对外面的世界根本无从把握，也许刚巧碰到觅食的黄鼠狼，也许狂风暴雨正在袭来，也许被高处落下的石块砸个正着，也许自己懵懵懂懂扑腾进了狼窝里，总之将面对许许多多不确定性的危险因素。就像BBC纪录片《地球脉动》（第二季）拍摄的那种惊悚场面一样，沙滩上刚刚孵化而出的小蜥蜴还没来得及萌呆片刻，立马就遭到了群蛇的疯狂追杀，让人们对小动物一出壳就面对的凶险感到战栗。人类的出壳也同样是运道艰险之举，但我们比小动物们的高明之处在于，我们可以对将来的不确定性危险做出一些分析预判，能够防患于未然当然最好，至少不要主动往深沟险壑里跳。万事开头难这话没错，人类走向大转折的开端更是如此，出壳时代尤其是出壳早期会很艰辛，遇到各种各样的风险在所难免，有些险情说不定还会很凶猛。

1. 加速地球家园毁灭

每年4月22日是众所周知的"世界地球日"，每年6月5日则是家喻户晓的"世界环境日"，为内容几乎重叠的同一个主题设立这么两个纪念日，也算是够奇葩的事。其实，这两项全球性的警示活动已经连续开展了半个世纪，关爱地球生态、保护家园环境的意识逐渐深入人心。人们之所以会形成这种广泛的社会共识，就在于地球家园迄今仍具有唯一性，"一失万无"意味着人类彻底倾覆。实际上，人类在近代以前的进化发展历程中，并没有能力毁掉自己赖以生存的地球家园，然而科技体茁壮成长以后，便慢慢有了这种自毁能力。不仅有资源过度开发及环境污染之类的"慢性倾覆"危险，也有了核武器这样的"急性倾覆"手段。幸好人们对家园面临的危机有了日益深刻的认识，形成了核不扩散条约、国际气候公约这种具有约束力的条条框框，才暂时抑制了危机的爆发。特别是最近几十年来，国际社会针对脆弱的地球生态建立了全球性管控机制，各界有识之士也营造出了"婆婆嘴"的舆论态势，对地球危机可以说一直保持着高度警觉。

但是，随着大量的人口进入太空，人们的生活观念将会发生巨大变化，对地球家园的依赖感、珍惜感也将逐渐减弱，久而久之，保护地球环境的意识就会日益淡化，从而加速生存家园的毁灭。

出壳早期对地球家园最大的毁灭性威胁，很可能来自海洋的大举开发。可以料到的是，穿梭往来于地空之间的各类运输工具，要靠大量的能源消耗来支撑，新时期的能源需求量势必会千百倍猛增，在一时找不到成熟替代品的情况下，人类采集能源的长臂注定要伸向海底，同时也会顺手牵羊开发海底的矿产资源。

地球的表面超过三分之二是海洋，这片"蓝色大陆"的利用前景一直被充分期待，早就有人断言说21世纪是海洋大开发的时代。但海洋开发的管控早已引起国际社会关注，1970年联合国大会正式通过了《关于各国管辖范围以外海床洋底及其底土的原则宣言》，从而确立了海底区域及其资源开发的规制框架，之后联合国海洋法公约明确了以"人类共同继承财产原则"为基础、以"平行开发制"为特征的国际海底区域开发制度。随后几十年来，又制定了一系列具体的开发规则，并在1983年成立了国际海底管理局，将具体规则不断细化。

在有序监管之下，浅海的海底矿产资源已得到大量开发，我们在沿海各国的近海水域看到的很多钻井平台就是明证，中国著名的"三桶油"（中石油、中石化、中海油）里面也包括一个"海洋石油总公司"。然而，占了海洋面积92%以上的深海水域的开发却远未展开，深海的矿产资源其实更丰富、更肥沃，包括大洋多金属结核矿、铁锰结壳矿、海底热液矿藏、天然气水合物矿等均有巨大储量。眼下深海开发不是人们不想大干，而是科技体给力还不足，深潜技术在耐压壳及结构、浮力材料、动力系统、作业及控制、导航定位、通信等方面都有待提高和完善。中国的

"蛟龙号"，以及美国、俄罗斯、日本、法国的深潜器都在不断改进、不断试验，预计在未来二三十年内能够满足海底大开发基本的技术需要。问题在于，大搞深海开发不仅破坏海洋生态，而且殃及陆地和大气层，对整个地球家园的危害是显而易见的，至少可以体现在以下几个方面。

一是海底的大规模扰动必然掀起或压实海底沉积物，采掘区的底栖生物首当其冲将成为受害者，采掘区附近的生物也会不同程度遭殃，同时悬浮颗粒的增多会降低海水的透光度，影响到海洋植物的光合作用，这些因素无疑将导致海洋生物的大规模死亡，甚至有些会灭绝。二是海底采掘会引起海床的地质应力发生变化，进而造成海底滑坡，引发大地震、大海啸等灾害频发。三是海底天然气中的有机气体（甲烷、一氧化碳等）大量溢出到大气层内，将会打乱海洋对气温、降雨量的调节，引发厄尔尼诺-拉尼娜之类的气候异常效应。四是海洋生物吸收的石油烃、重金属等进入了食物链，被人们食用不仅会造成有毒物质、致癌物质损害人类健康的后果，也会对整个生态系统造成循环污染。除此之外，海底大开发可能还存在着我们尚无法预知的严重危害。

所有这些破坏性后果叠加在一起，足以带来地球家园的毁灭性灾难。浩瀚的海洋蓝色世界，生态环境一旦从深海遭到大面积破坏，其修复难度之大与陆地上恢复青山绿水环境不可同日而语，这点从近海水域红树林灭失、水体污染、滨海湿地减少的吃力修复中便可以看得很清楚[78]，何况是力不从心的远海、深海？更大的麻烦在于，海底开发将来造成的生态环境大破坏，可能来势迅猛让人们猝不及防。现在我们受制于技术能力，对辽阔的深海还只是蜻蜓点水触及很少，并且对海洋保护也有着高度的警觉性，即使有能力大搞开发也会谨慎行事。但出壳以后的情况会骤然起变化，有了地外新的落脚点，对海洋开发就会日益滋生出麻痹、侥幸的心理，面对巨大的能源缺口一窝蜂扑向海底几乎势不可挡。即便国际社会加强管控，恐怕也难以阻挡强烈需求面前的铤而走险。况且深海的大范围监

海洋污染

控绝非易事，可能比寻找马航失联的客机还要难。更可怕的情况是，当海底生态环境的破坏露出明显征兆时，加快旧家园的"废物利用"反而可能成为一种倒逼力量，糟糕的恶性循环或许就此出现，这种"破罐破摔"理念下的资源掠夺将迅速陷地球家园于万劫不复。

　　除了海底大开发这样的突然间加速作用以外，地球家园的毁灭性威胁，还可能来自出壳后对新技术风险的评估不足，这些风险既包括直接危害生态环境的新技术，也包括近地工程设施对地球产生的负面影响。我们谈论地球家园的毁灭，是就人类自身的生存意义而言的，但是反环保运动对此并不认同，他们一直认为环保早已"走过了头"，地球生态并没有想象中的那么脆弱。没错，地球这样的生态圈经历了数十亿年才演化而成，是至今为止我们所知道的最为庞杂、精密的运行系统。虽然这个大系统的许多局部方面具有不堪重创的脆弱性，但其整体上的稳固性也是不容置疑的，历次生物大灭绝事件都不能将其彻底摧毁便是明证。即使再遇到较大的小行星撞击、地球公转轨道变化、爆发核战争，也不太可能轻而易举把整个地球变成不毛之地，起码有一些低等生物会继续存活下去，这一点我们也可以持乐观态度，尽管人类未必能躲过这些灾难。

然而，人们一旦坚持到了出壳时代，反环保运动的理念就会渐占上风。事情明摆着，喊了多年"狼来了"全是自欺欺人，地球生态对新技术应用的承受能力当无问题，尽可放心大胆地开发、利用。这样一来，有一些直接危及生态安全的新技术就会堂而皇之登场。譬如我们都知道，福寿螺、水葫芦这样的侵蚀性物种对局部生态环境的危害甚大，将来生物技术打造出侵蚀性更强大的新物种毫不奇怪，而且可能会有多种多样，一旦流入生态圈就会形成按下葫芦浮起瓢的局面，造成全球性的生态危机是完全可能的。与此同时，近地太空设施建设也会越建越多，无论是月球开发还是太空天梯、太空驿站之类的大工程，对地球生态将有怎样的负面影响我们还知之很少，导致地球家园毁灭的风险无疑也会陡增。

2. 仇恨向太空延续

千百年沧海桑田，走进了文明社会的地球人不仅没有摆脱窝里斗的纠缠，反而还陷进了种种"冤冤相报"的怪圈。虽然人人都渴望有个和平、安宁的天下，却对现实世界无可奈何，我们这颗星球上的明争暗斗的确一天也没有消停过。近半个多世纪以来全球化进程明显加快，像世界大战那样天翻地覆的窝里斗没再发生，似乎天下正趋于太平。然而，历史上结下的许许多多"梁子"还远未消解。

人类文明即将迈向新的时代，谁都希望过去的世袭恩怨到了太空以后能够"相逢一笑泯恩仇"，但这恐怕只是一厢情愿的事。基于深层历史原因，民族、宗教、国家之间结成的种种仇恨纷乱复杂，剪不断理还乱，几乎看不到化解的可能性。我们从"圣城"耶路撒冷几千年演变过程中惹出来的是非恩怨，就能清楚了解到这点[79]。这样一座诞生了世界上三大宗教，孕育了神性、理性和文明的国际名城，因1 000多年前十字军东征时期一场凶残的杀戮，导致包括犹太人、穆斯林，以及异教信众在内的数十万人丧生，从那以后形成的深仇大恨越蔓延越错综复杂，并且波及各地，延续至今还在你死我活争斗着，以至于中东地区成了一个随时可以燃爆的"火药桶"。

如今世界上很多这样的局部冲突都跟历史上结下的恩怨有关，当初仇恨入心要发芽，后来发了芽的仇恨就长出了一些畸形枝丫，当面锣对面鼓的剧烈冲突还算好，更邪恶的是极端主义组织制造的恐怖袭击，让大量无辜的受害者成为冤冤相报的牺牲品，这早已引起了国际社会的公愤。尤其是近年来，因宗教仇恨而发动的恐怖袭击越来越频繁，对公共安全造成了日益严重的威胁。现在看来，想靠加强反恐去实现"恩怨忘却，留下真情从头说"，那是天方夜谭。

因此，进入出壳大转折的时代，仇恨还将继续向太空扩散，很可能会出现更多更大的麻烦。以复仇为目的的恐袭活动，或许会变得更容易，危害性也会更严重。试想一下，假如基地组织的后辈拥趸在近地轨道上有了立锥之处，再次对美国本土发动报复性恐袭，那就具备了从太空攻击地面的优势，造成的灾难恐怕比当年的9·11事件要大得多。就算美国建立了一流的太空防御力量，基地组织还可以立刻更换袭击目标，居高临下对英国或北约其他成员国动手也易如反掌，地球世界可能会因此变得更加不安宁。与此同时，太空驿站等大型空间设施也可能成为恐怖袭击的新目标，这些人造的空间设施本身就很脆弱，对来自四面八方的恶意袭击防不胜防，应对这种情况要么会增加工程建设成本和技术难度，要么会延误人类出壳的总体进程。此外，劫持太空飞行器及空间设施，可能会成为恐怖活动的新花样，而在太空处置这类劫持事件的难度无疑也是很大的。

仇恨的火种一旦带到了外星球上，还有可能引发更为激烈的冲突和杀戮。极端种族主义、极端宗教主义等形形色色的势力，在太空站稳了脚跟是不大可能消停的，特别是成千上万颗小行星假如真的能改造成人类的新家园，广阔天区各处就都有可能成为极端主义势力的盘踞点，一有复仇的机会断不会轻易放过。复仇者的心理往往是很可怕的，当年我们在地球上吃了大亏，那是因为你们背后有大国插手撑腰，现在天高皇帝远了，不惜代价也要彻底灭了你们，甚至以小博大也要跟你们拼个鱼死网破。太空比地球上折腾的余地大得多，复仇的方式可能会更多、更残酷，人们也更不容易阻止。我们别忘了20世纪90年代发生在卢旺达的那场种族大仇杀，就在全世界众目睽睽之下，胡图族人生生杀掉了近100万图西族人，最后还是姗姗来迟的联合国维和部队制止了这场惨绝人寰的屠杀。假如这场大仇杀发生在太空的话，估计会是一次彻底亡族灭种的悲剧，联合国维和部队就算扩充千百倍，恐怕也会疲于奔命，无法及时眷顾到分散在偌大太阳系内的各个星球。所以说仇恨延续到太空可能是一件很难管控的事。

3. 引狼入室

地球万物亿万年来裹在这个无形的大壳内流转，跟外界的物质交换几可忽略不计。人类在破壳而出以后，星际物质交换则会突然间猛增，从地球上要运出去很多物质，从外星球上要运回的物质也会源源不断，由此可能会引出新的麻烦。把地球上的物质运出去倒不至于出什么问题，就算对太空环境真的有毒有害，那也不过是点滴污水流入了大海，影响微乎其微。但反过来就不一样了，从不同星球上运回来大量的矿物质、液态"水"及气体等，会不会给地球生态造成灾害甚至是大灾难，那就难说了。我们对各种地外物质的属性还没有清晰的了解，既没做过"急性毒理实验"，更没做过"慢性毒理试验"，大量运回地球的风险至少不能排除。

当年人类"探头探脑"刚飞出地球的年代，对来自太空的污染是非常谨慎的。飞行器自太空归来，一般都要实施一整套隔离、洗消措施，就连首次登月归来的阿姆斯特朗等人，也是在隔离的大玻璃罩内受到尼克松总统接见的，当时生怕月球上存在着不为人知的毒害物质会污染地球。后来发现情况并非如此，警报也就彻底解除了，宇航员自太空归来，直接就可以出舱，重回大地怀抱。

然而"探头探脑"时代的经验未必具有普适性，我们没有任何理由就此掉以轻心。人类虽然还没出壳，但地球上的经验教训是有过的。数千年以前的地球对人们来说还是一片无边无尽的苍茫大地，受交通能力所限，跨疆域的物质交换非常少，偶尔从异域得来的物品往往视若珍宝。大约在公元540年，一些波斯商人来到了东方世界，他们收获了来自印度和中国的香料、丝绸、陶瓷等商品，然后兴高采烈地从印度东部出发，穿越阿拉伯海、波斯湾和红海，一路转辗颠簸抵达了非洲的埃塞俄比亚，在那里他们通过中介商人把这批宝物卖给了北面的拜占庭帝国。那会儿，查士丁尼皇帝统治下的拜占庭帝国傲视天下，有充足的经济实力买下远方运来的珍宝。然而悲剧很快就发生了，人类社会不曾经历过的一场大瘟疫突然爆发，致使数十万人命丧黄泉，盛极一时的拜占庭帝国也由此走向衰落，这就是史上著名的"查士丁尼瘟疫"。懵懵懂懂的人们当时根本不知道灾难是如何发生的，后人的分析解读大致理清了事发的脉络，问题可能就出自东方的那批宝物身上，发源于中亚大草原地带的鼠疫杆菌随着宝物远涉重洋带到了非洲，接着又在人口密集的拜占庭帝国扩散开来，就是这样"引狼入室"酿成了悲剧。

无独有偶，1350年前后一场导致了至少2 500万欧洲人死亡的"黑死病"瘟疫再一次发生。灾难的起因很可能是一些商人和士兵在亚洲采购的黑鼠皮，带到了俄罗斯的克里米亚，继而又传到了欧洲，罪魁祸首就是藏在黑鼠皮毛内的小跳蚤，这又是一次"引狼入室"更大的灾难。这些事例足以提醒我们，在缺乏相关知识准备的情况下，轻易引进远方未知的物品有着极大的风险。我们对外星球上的物质现在还知之甚少，并不能确定其他各星球是否存在致命的微生物或毒物，"引狼入室"一旦造成灾害连应对的基本知识都没有，后果将极其严重。

外星球上的物质总是很诱人的，稍一有点新发现人们都迫不及待想弄回来一睹为快。2011年NASA的"黎明号"探测器在灶神星上发现了大量的水，此前人们一直认为这颗小行星带中第二大的星球是很干燥的，新的发现让很多人产生了无限遐想。我记得有一位中药厂的工程师当时就兴奋地调侃说，"灶神"在中国人眼里的意头非常好，若是把那颗小行星上的水弄回来一些，就可以当作母液勾兑开发出一种保健饮料。像这样的一些突发奇想，估计不少人看了报道都会萌生出来。问题在于，我们往往把外星球上的水、土、石等物质看得跟地球上大同小异，起码都属于人畜无害类的玩意，弄块火星石摆在面前估计人人都敢伸手去摸一摸，这种惯性思维潜藏着巨大危险。事实上我们并不知道灶神星上的水含有何种成分，运回来一检测未必能当饮料喝，说不定比氰化物的毒性还要大，更说不定流入江河湖海会造成无法挽回的灾害。

物以稀为贵这道理固然不错，但到了出壳时代"贵"与"善"是断然不能画等号的。外星球的物质世所罕见，运到地球上来本身就有巨大的商业价值，即便是没什么用场的碎石块也会有人高价收购。在高额利润的刺激下，出壳以后的偷运活动将会风行一阵，尤其是地球表面四通八达做不到一夫当关万夫莫开，就算国际社会届时颁布禁运令也难以堵住私运渠道。然而，外星球上不光有人们常识熟知的水、土、石等物，必定还会有地球上原本不存在的一些物质，对这类物质的毒害特性我们一无所知，把这样的物质运回地球无疑有着很大风险，它们对地球环境的破坏作用或许是我们无法估量的。有些地外物质运回来以后，短期内看着好像是人畜无害，到了一定时候可能才会显示出极强的破坏作用，等到灾害降临再来阻止也许就悔之晚矣了。

4. 灾难事件引发冲突

　　人类在太空"探头探脑"的短暂历史，还不足百年时间。从20世纪50年代至今，探索太空的征途上留下了一系列悲情壮举。早年美国和苏联一些飞船的发射及回收事故，致使不少人献出了宝贵的生命，有的宇航员甚至魂断太空，一部航天史其实就是人类勇敢进军宇宙的挑战史。很多人都读过2001年版初中语文课本里收录的《悲壮的两小时》，那是一篇非常感人的记叙文，说的是苏联"联盟1号"宇宙飞船在返回地面途中突发故障，宇航员科马洛夫在飞船即将坠毁的最后时刻，面对观看电视直播的亿万公众，与同事和家人依依惜别、从容迎接死亡的故事。虽然这个故事的历史情节一直遭到质疑，但宇航员科马洛夫在事故中壮烈牺牲却是铁的事实。后来美国研制出了航天飞机，又发生过挑战者号、哥伦比亚号空中爆炸的悲剧，这两起事故各造成7名宇航员丧生也是事实。下一步像空天飞机那样的新型航天器将问世，也必然有个技术不断完善的过程，也很可能会无可避免地付出惨痛代价。

　　然而就载人航天大半个世纪走过的历程来说，造成多人死亡的恶性事故实际上很少见，并且大都是火箭在发射升空时爆炸所致。而导致宇航员死亡的航天灾难更是寥寥无几，总共只有屈指可数的那么几次。尽管每次恶性亡人事故都让人感到悲壮和痛心，但这是由航天活动受到举世关注的特殊性所决定的。人们不愿看到事故发生，却也不会被事故吓退。因而，"史上最严重的10大航天事故""人类历史上5大航天灾难"之类的总结，丝毫没有削弱人们探索太空的意志，这些事故或灾难往往被当成是人类探索太空理应付出的代价。

　　谁都明白，技术高度复杂的航天工程总有百密一疏的时候，长期做到"零事故"是不可能的。1986年在发射升空时爆炸的挑战者号航天飞机，大约由600万个大大小小的零部件构成，事故原因是火箭助推器上一个毫不起眼的橡胶圈失去了弹性，造成高压热气泄漏而机毁人亡。2003年在返航时爆炸的哥伦比亚号航天飞机，则是由于外部燃料箱表面脱落的一块泡沫材料撞击到机身形成了裂隙，致使超高温气体由裂隙进入机内而酿成了解体灾难。这两起史上最大的航天悲剧，既有成千上万人在地面现场目睹，更有全球公众通过电视观看直播，灾难给世人带来的心理冲击无疑是巨大的。但人们在事后反思的时候，始终坚持就事论事的态度，有人激烈抨击事故责任者，也有人厉声指斥NASA"缺乏强大的安全文化"，还有人严肃质疑航天飞机的技术可靠性，然而从来没有人指责过航天活动本身，异口同声的调门全都是为了吸取教训、以利再战。即使付出惨重的血泪代价，也绝不可能停止太空探索的步伐。

这种长期以来"不谋而同"形成的普世理念，或将在出壳时代遇到挑战。

毫无疑问，出壳时代的航天灾难将会频发多发，情景也会更加悲壮。除了传统意义上的发射及回收事故以外，灾难发生的形式将日益多样化，事故遇难人数也将大幅增加。特别是在出壳之初，人们在外太空的活动还处于"摸着石头过河"的阶段，太空生存也需要有个技术不断成熟的过程，近地太空驿站、月球设施、火星基地等难免发生一些技术性灾难。好比人刚刚学会游泳的时候，最容易出现淹溺事故。这种情况下发生的太空悲剧，远非一艘飞行器和几名宇航员的损失所能比拟，可能会是某一项超大型人造工程毁于一旦，几十人甚至百千人或因此魂断太空。我们也不难想象出，在某颗小行星上采矿的人们或者在地外某个基地里生活的人们，说不定哪天就会由于某种技术故障而全军覆没，这样的灾难比地球上偶发的一场空难、矿难更加震慑人心，悲情哀伤很容易弥漫全球。如果真的发生几起这样的事件，那将对社会公众的心理承受底线造成前所未有的冲击，让人们不得不对航天灾难的代价重新反思，质疑出壳的声音就会随之出现，并有可能形成一股"反出壳"的力量。

与此同时，还有另一种不容忽视的灾难可能也会出现，那就是，人为造成的对地球家园构成威胁的灾害事件。譬如，小行星撞击地球是历来存在的天然威胁，但人为造成这样的灾害在出壳时代则是有可能的。人们都盼着小行星采矿业蓬勃兴起，也期待着小行星带的宜居性改造取得成功。在此过程中，一些小行星或许要按照人们的意愿进行移位、改变转速等，然而一不小心的话，说不定哪颗太空巨石一偏离运行轨道就会直冲地球而来，撞击一下的后果可想而知。即使是无意中的操作失误，也会大大增加小行星撞击地球的概率，如果再加上恐怖袭击因素的可能性，那对地球的威胁就相当之大。不管是无意还是有意，这样的事情只要一出现苗头，势必引起全社会的高度恐慌，"反出壳"力量很可能迅速壮大起来。

显然，"反出壳"思潮并不符合人类的长远发展利益，事实上也难以阻断商业利益驱动下的太空开发活动。但在太空灾难多发的出壳时代，"反出壳"力量几乎不可避免要与各种太空活动发生激烈的冲突，并有可能引发大规模的社会对抗，从而让我们这颗星球变得更加动荡不安。

5. 鞭长莫及导致失控

地球的束缚作用一旦被人类摆脱，就像一只巨大的笼子突然拆除了所有的栏栅，原有的空间约束就消失殆尽了。天高任鸟飞，海阔凭鱼跃，人们走出了家园当然也可以尽情撒欢了。然而随着出壳不断向纵深挺进，人们在太空各处的生活将越来越分散，局部社会秩序的维持和管控能力将日益弱化，鞭长莫及的情况可能会不断增多。

人类自从进入文明时代以来，社会秩序的维持靠的是国家机器，现代国际秩序的管控则靠联合国。太空将来的社会秩序，也同样需要力量去驾驭。就广阔的地外空间来说，局部各处的社会秩序靠各国分别去维持是不可行的。早在1966年联合国大会通过的《外层空间条约》已明确规定，各国"不得通过提出主权要求，使用、占领或以其他任何方式把外层空间据为己有"。换句话说就是，太空任何一处都不能成为某个国家领土的延伸，要不然出壳之举就会演变成各国抢占太空领地的"星球大战"。因此，太空各处社会秩序的维持只能由联合国承担起最终责任。

另外，在科技体未来"失重化"发展的情势下，太空开发往往要通过多国广泛的技术合作才能进行，哪怕开采一颗小行星的资源，靠一国技术之力也未必能完成，尤其是在出壳早期。这样一来，分散在太空各处的生活便具有很大程度上的不确定性和难控性。即便国际社会能达成共识，联合国像在地球上组建维和部队那样，建立起一支专门维持太空秩序的别动队，其作用可能也是很有限的。在小小的地球家园里很容易办到的事，扩展到偌大的太阳系则会显得非常吃力。地球上可以做到哪里有动荡，就向哪里派维和部队，集结号一响立刻出动，能迅速赶往地球上任何一个角落。但这样的招数，到了太空肯定要失灵。假如小行星带的某颗星球上发生事端，就算从火星上就近派出别动队前往处置，那也是动辄亿万千米的空间距离，等几个月以后赶到怕是黄花菜早凉了。维持太空秩序的力量终归是有限的，星际间相隔着遥远的距离，可能常常会出现"按下葫芦浮起瓢"的情况，疲于长途奔袭也还是难以应付。

久而久之，太空社会秩序的维持将日益呈现出"心有余而力不足"的局面，分散在各处活动的人们便会失去约束，进而导致行为上一系列的失控。譬如说，有组织有预谋的群体性移民或将出现，在某一颗天高皇帝远的小星球上建立起与现代文明格格不入的社会体制，甚至重返奴隶社会都是有可能的。有些极端组织到了外星球上会更加肆无忌惮，形成一些畸形社会，对整个太空活动的秩序或将构成严重威胁。

破壳而出不仅是人类的一次大伸展，同时也是科技体的一次大伸展，因而科学伦理也将面临空前巨大的挑战。"双停滞"现象原本指望着到太空去破解，但是，什么事情可以做、什么事情不能做，人们至今既没有深入探讨过，也不知道届时该怎样进行有效约束。譬如基本粒子研究，科学界目前对冷原子实验进太空寄予了厚望，将来可能还会在太空建造出大型对撞机等研究装置，但这类研究会造成什么严重后果，我们却不得而知。2008年欧洲建成大型强子对撞机的时候，以德国化学家奥托为代表的一些科学家就发出过反对的呼吁，他们认为粒子高速相撞所产生的巨大能量，有可能"撞"出不为人知的危险粒子或者微型的"黑洞"，从而给地球带来毁灭性灾难[80]。这种预言在理论上并非毫无道理，在地球环境中没"撞"出灾难，也许在太空就会一语成谶。

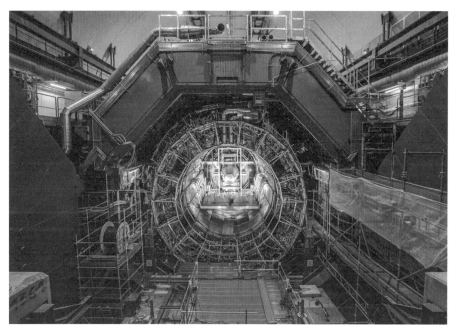

欧洲核子研究中心的大型强子对撞机

即使已经形成了的科学伦理规范，到了太空也会监控乏力，许多明令禁止的行为都有可能在地球以外的地方冒出来。譬如克隆人试验、基因编辑婴儿试验、人与动物杂合研究、人机杂合体研究、大规模杀伤性武器研制等等，很可能会有利令智昏的冒险分子躲在太空一隅偷偷开干，而人们却难以察觉、难以管控。

出壳时代分散、难控的太空社会，或为邪教的盛行开启了方便之门。一方面，有些老牌的邪教组织可能会乘虚而入整体迁往太空，还有些已消失的邪教也可能死灰复燃，教主带着信徒们盘踞到某颗小星球上，就会更加肆意妄为。另一方面，新生的邪教利用人们出壳一时的思想迷茫，很容易招揽信众并发展起来，在地外远离其他人群的"孤岛"环境下，从肉体和精神上控制教徒也会更加容易。总之，类似这样的情况靠鞭长莫及的管控力量可能难以奏效。在一些失控的星球上，人类文明或将出现倒退。

出壳时代将要面临的各种险兆，除了上述几点以外，还可以列出一些。但这些险兆列举再多也只是推测，未必真的就会发生，我们不可低估人类的智慧和科技体发展的威力。历史经验告诉我们，险兆一旦被提前察觉，往往就会出现改变方向的作用力，事先注意到车子要开进沟里去了，当然会扭转方向盘提前避险。很多预测出来的险兆最终都没有成真，便是这个道理。就像早有人预言21世纪初因人口剧增将引发全球粮食危机那样，事实上这一情况并没有出现。

其实对于未来太空活动需要遵循的规则，从《外层空间条约》出台以来，国际社会又陆续制定了《宇航员营救协定》《空间物体损害责任公约》《航天器登记公约》《指导月球活动的协定》等太空法律制度，但这些公约或协定主要是针对小规模的太空探索活动而提出的笼统行为准则，并没有考虑到人类大规模走出地外的活动，而这才是涉及面更大、更复杂、更难把握的问题。人类眼下已走到了出壳的前夕，太空法律的研究者们应当与科技界密切协同，积极探讨出壳时代更具体的太空活动规范，现在行动起来正当其时，避免车子陷进沟里乃至跌入深渊，善莫大焉。

人类过去一直闷憋在这颗星球上，走出地球家园也许会有很多艰难险阻，甚至会在太阳系内碰到天大的麻烦而遭受重创，但我们首先要有勇气迈出太空大伸展的第一步，因为人类文明需要发展，更需要永久延续。

五一

结局

　　人类出壳是一种超越国家、民族、宗教、文化及意识形态的新理念，也是全世界同舟共济所需要的新思维，可以预料，这场大伸展将带来人类自身前所未有的根本性变革。

虽然本书最后这一章用了"结局"作标题，但人类破壳而出并不意味着结束，而是一场空前的大伸展的开始。对"双停滞"现象的担忧，其实也反映出了全球最根本性的危机意识，人们迫切渴望找到更好的发展出路，能有一种全新的开始。这是因为科技体的迅速壮大，已经把人类赖以生存的地球空间打造得越来越狭小，再用"窝里斗"的老办法解决问题，就将走向共同毁灭的结局。人们正越来越清醒地认识到，只有全人类共同实现大伸展，才有可能彻底摆脱困境。因而，人类出壳是一种超越国家、民族、宗教、文化及意识形态的新理念，也是全世界同舟共济所需要的新思维，可以预料，这场大伸展将带来人类自身前所未有的根本性变革。

1. 一步步远离家园

冲破束缚了千万年之久的无形之壳，昭示着人类从单一的生存星球跨入了浩瀚的行星系，这是一次不折不扣的远行之举。太阳系对人类来说实在是太广阔了，除了月球离我们相对较近以外，其他有可能落脚的岩质星球都距地球很遥远。人们鼓起勇气一旦迈开了出壳的步伐，身后的地球家园就会一点点淡化、一步步远去，总会有那么一代人要碰到那么一天，当地球演变到再也无法让人类安家居住的时候，人们终将彻底失去这个"老家"。这种结局也许要等到亿万年之后，也许因突发灾难而在近千年内甚至百年内出现。不管怎么说，人类终将彻底远离这个家园，这大概是无可争议的事。除非人类根本就不想走出去，而宁可让后代全都"憋死"在地球上。当然，这种选择理应被有使命感的当代人所摒弃。眼下地球人正处在历史的大转折时期，有责任有义务担当起延续地球文明的重任，不能一代代只顾自身的眼前利益而得过且过，更不能在出壳大事上无所作为。

就出壳的进程而言，亿万普罗大众走出地球肯定不是一蹴而就的事，总要有先有后、分期分批推进，也总会有很多人不愿离开"老家"而选择留守。对于先期移居太空的人们来说，出壳时间越久，离地球家园就会越远。也许还没等到大多数人进入太空的时候，那些先行者或他们的后代们就已经越走越远，可能再也不回或者回不到地球上了。这种情况，在后续出壳的人们身上一样会发生，直到地球家园彻底失去宜居性，人类的故乡成为永久的怀旧回忆为止。事实上，离开故乡寻求发展新天地一直是人们进取精神的体现，一部人类发展史就是一部新家园的建设史，无论对个人还是对人类整体来说都是如此。

离开故乡总让人依依不舍，要不然关于乡情、乡愁的故事也不会成为文学创作的一大主题。思乡怀旧的文学作品历久常新、俯拾皆是，单单以《乡愁》为题的同名作品就数不胜数。我知道的《乡愁》名著至少有赫尔曼的小说、冰心的叙事诗、余光中的抒情诗等等，这些脍炙人口的经典之作，无不体现出不同文化背景、不同时代的人们对家乡故土的思念情感。然而在很多情况下，远离故乡往往是人们主动作出的选择，而并非迫不得已。实际上，人们总是在"围城"情结的困扰中前进的，是想走出家乡寻求更大的发展机会，还想是安身立命留守家园？这本来是两种不同的生活取向，却并存在很多人心中。人们渴望发展自己而又惧怕失去安宁，年轻时向往远方，年老时怀念故乡，这样一些内心挣扎其实还是鱼和熊掌都想得，但这往往是不可能的。

千百年来，离乡谋求更大的发展是很多人作出的明智选择。特别是工业革命爆发以后，数不清的各色人等从乡村来到了工业重镇，在他乡异地建起了座座城市，他们的后人一代代也就淡忘了故乡，最终成了新城市的居民。这种现象在中国改革开放40年的历程中就可以看得到，如今年长一些的都市人应该都有切身感受。20世纪80年代初我到广州读大学的时候，广州的市区人口还不到300万，现在这个数字已近1 500万，新增的大量人口都是在"孔雀东南飞"的年月里从全国各地涌进广州的。当初南下创业的第一代很多人如今已有了儿辈、孙辈，这些儿孙辈对北方故乡其实已很淡漠，再往后一代就不会在心目中留有太多印象了。儿孙辈当中及其后辈又会有很多人移居到其他地方，他们只可能从祖辈那里知道自己的"根"在何处，但恐怕不会再有人还想叶落归根了。

如果说现代人怀有一份乡情，还不难回到故乡去寻根问祖的话，那么，出壳以后要踏上回故乡之路则会越来越难，一解乡愁绝不是买张飞机票或高铁票那样简单。未来的乡愁也许只能隔空、隔代在淡忘中抒发，按照余光中先生的抒情格调，《乡愁》可能会写成这样：

小时候／乡愁是家里的视频接收器／我和母亲在火星这头／外婆在地球那头

长大后／乡愁是太空穿梭机的登机牌／我在土卫六这头／母亲在木卫一那头

后来啊／乡愁是从远方传来的视频碑文／我在天卫三这头／母亲在木卫二的坟墓里头

而现在／乡愁是更遥远的星际空间／我养老在海卫一这头／儿孙们却到了冥王星那头

将来呢／乡愁是越来越抽象的概念／我在长眠的梦里头／或许能回到地球家园那头

在不同的历史时期，人们离开故乡的具体原因各不相同，但离乡大都是进取精神使然，外出谋生、求学、创业等取得成功的事例不胜枚举，每个人身边都可以数出很多。虽然没见到有关的统计数据，但几乎可以确信，在各行各业有所成就的人群中，离乡发展的人数一定比留守家园的要多，而且不止多那么一点点。其实人类整体的发展也一样，进取力量一直比保守力量要大，敢于不断开辟新的生存疆域是至关重要的因素，要不然人类不可能从芸芸众生中脱颖而出，更不可能走到今天。

我们现在都知道自己的祖先是早期智人，但智人一开始只是猿人当中的一种，几十万年前与智人差不多时期存在的猿人至少还有罗德西亚人、佛洛勒斯人、尼安德特人等多个种类。智人起初在体能和智能方面都不占优势，比如说生活在欧洲和西亚一带的尼安德特人，他们不仅体形更壮实而且脑容量也超过智人，制作工具和使用火的时间可能比智人还早些[81]。智人之所以由弱变强，终于成为这颗星球上的超级霸主，与他们不断"离乡发展"有很大关系。大约10万年前，智人第一次尝试着走出非洲家园向北迁徙，结果刚一进入尼安德特人的地盘就遭到了迎头痛击，智人抵挡不过，只得退到撒哈拉以南地区蛰伏下来。又过了3万年左右，智人再次勇敢地闯出非洲，这回他们的语言能力和组织化程度都有了显著提高，最终不仅彻底灭掉了尼安德特人，而且迅速向欧洲纵深和东亚地区挺进。紧接着，智人继续开辟生存疆域，又先后殖民澳大利亚和美洲大陆，在短短数万年内所向披靡，占据了地球上几乎所有的宜居之地。再往后，智人的后代进入了文明社会，并且有了科技体这个神奇的伴行者，仅仅用了几百年时间就让这颗星球彻底变了样。发展到今天人们突然意识到，大家实际上都已成了这个小小地球村的留守者，蓝天白云之下，人类再也找不到可以"离乡发展"的新地方了。难怪会出现"双停滞"的说法，我们确实憋在这个有限的家园里快要折腾不下去了。

　　人类走过的漫漫长路表明，"离乡发展"是智人不断向更高级阶段进化的必然途径，我们作为现代智人没有理由不沿着这一大方向继续前行。如果说智人早期"背井离乡"拓展生存疆域是无意识的进取力量驱使的话，那么现在我们这些万物之灵就应该主动顺应大势，义无反顾地走出地球家园去开辟新的发展疆域。哪怕一步步越走越远再也无法回头，都是值得付出的代价。实际上，人类出壳也是摆脱"双停滞"危机的必然选择，这天经地义的一步迟早要迈出去，与其等到危机加剧的时候惊慌失措、被动应对，不如及早行动起来化被动为主动。尤其不能眼睁睁看着危机一天天恶化，要是真的弄到不可收拾的地步，人类就悔之晚矣了。这绝不是危言耸听，而是已经出现了恶化的迹象，我们这个家园的"窝里斗"正在变得比任何时候都危险。

不妨从一个侧面简单回顾一下。我们都知道，基础科学的停滞现象是近年来才被人们察觉到的，这不仅反映出科学发展的"触顶"问题，更重要的是反映出经济发展的源动力缺乏问题。其实这一现象早在当年原子弹爆炸时就露出了端倪，核武器的问世表明，人类的战争能力已经发展到了顶峰，地球空间再也容不下或者说承受不起一场世界大战了。这当然也预示着，科技体在地球上施展拳脚的空间将会缩小。但这个问题在当时并没有引起人们注意，因为基础科学几百年来的积累还有着充分的消化应用余地，还足以让科技体沿着惯性继续发威一阵子，所以才有了20世纪50年代以后世界经济的迅猛发展。然而近些年来，老本已经吃得差不多了，经济疲软的问题便凸显出来了，于是新的焦虑、躁动、不安及更诡异的"窝里斗"随之而来，其中最可怕的就是大国间的贸易冲突愈演愈烈。

说贸易战可怕还真是一点不假，现在的国际形势比冷战时期的对抗更令人恐惧。这是因为，冷战时期虽然对抗很激烈，但人们普遍看好眼前的经济发展，谁都不愿轻易毁掉来之不易的繁荣局面，谁也不想突破底线把对抗升级到难以收拾的地步，拼出个"双输"的结果百害无一利。所以，作为有远见卓识的政治家，邓小平的精辟结论就是"世界大战一时打不起来"。因而那段时期地球上看似危机重重，实则建立在经济繁荣基础之上的安全系数还是很高的，邓公的判断完全正确。然而历史走到了今天，国际贸易摩擦表面看上去是没有硝烟的纷争，其实潜藏着巨大的危险，因为经济持续繁荣的前提正渐渐失去，地球上的贸易空间就这么点大，按照"美国优先"那样的逻辑，就会不惜一切代价拼个你死我活，危险正在一点点逼近。从避免事态进一步恶化的意义上说，加紧推动出壳进程无疑具有现实紧迫性，在全球广泛形成出壳发展的社会共识更是当务之急。

"离乡发展"并不意味着舍弃家园，孤注一掷走向远方。在没有动身离乡的时候，家园依然是安身立命的场所；在动身渐行渐远以后，家园也还有亲人在留守，所以珍惜家园、爱护家园始终是政治正确的事。然而人类走到现在这样一个大转折时期，我们再也不能厚此薄彼，把精力和社会资源主要放在保护家园上面，而置紧迫的出壳发展需要于不顾。我们现在看到的情况是，国际社会在保护地球方面已建立了多种有效的会商机制，形成了全球合力并且有了越来越多的投入，但在出壳发展方面却没有形成国际联动，甚至连基本共识还没有达成，这不能不说是解决全球性问题的一大短板。就摆脱人类目前的困境而言，出壳发展与保护地球，最起码应该摆在同等重要的位置上来对待。而且我们应当清醒的是，保护地球始终只是个权宜之计，绝不是彻底解决问题的出路。因为小小的地球村终归只是宇宙一隅，再怎么辗转折腾也是非常有限的局部改变，不过是让家园的灾难来得晚一些而已。

放眼长远的未来，我们的后代迟早也要面对一个现实，那就是，地球总有一天是要分崩离析的。虽然那可能是很遥远的事，但人类也还是要想到这种结局，居安思危早日开辟新家园。纵使地球不会崩塌解体，也要考虑到太阳的寿命是有限的，就算再也没有小行星来撞击地球，就算未来50亿年内地球上一直风调雨顺（事实上不可能），人类等到太阳的末日来临，还能继续窝在地球家园里吗？何况在此过程中地球生态或许要遭遇千次万次的劫难，人类也绝不可能一次次躲得过去。而且不管是由于天然因素还是由于人为因素，地球家园的劫难可能说来就来，就像NASA现任局长Bridenstine不久前说的那样，"小行星撞击地球的灾害很可能在我们有生之年就会发生"[82]。因此人们没有理由高枕无忧，而是要在毁灭性灾难来临之前远远地离去才行。既然人类的进化和科技体的发展都已走到了历史拐点上，既然潜在的危机也已出现了苗头，那就要顺势而为、积极行动，越早转变发展理念就越好，越早启动出壳进程就越安全，越早迈开步子就越可能顺利远行，这也是全人类的共同利益所在。为了我们自身的整体安全，更为了子孙万代延续人类文明，当代地球人理应做"第一批吃螃蟹"的先行先试者，"为有牺牲多壮志，敢教日月换新天。"

人们一步步远离地球，也许最终会失去这个珍贵的第一家园，但人类将获得整个太阳系，这正是出壳的结局，也是人类社会继续发展的新理念。

2. 进入更大的无形之壳

相对于地球和太阳系的漫长演化史来说，智人迄今为止的全部历史不过是弹指一挥间。然而，就在这短短几十万年时间里，人类完成了一轮又一轮飞跃式的进化，不仅攀上了食物链的最顶端，而且进化成了智慧物种。在此过程中，人们扩展生存疆域的能力越来越强，从非洲一隅起步很快就踏遍了全球，直到再也找不到新地盘可扩，才腾出了更多精力"苦练内功"，一不留神让科技体应运而生。没想到横空出世的科技体大显神威，用了三四百年就把人类带到了"离乡发展"的境界。毫无疑问，即将来临的出壳时代，是人类在家园蛰伏多年后又一轮施展拳脚的机缘，而且是挣脱了无形之壳后一场空前的大伸展。

这种前景也许让不少人热血沸腾，以为一出壳就可以在宇宙间纵横驰骋了，以为越走越远，不久就能向着银河系大步前进了。这样想毫不奇怪，毕竟人类在地球上的活动范围太小了，全世界总共只有200多个被称为"国家"和地区的行政区域，将来有了更快捷的交通工具可以在几个小时内穿行任意两地，周游列国会变得跟走村串巷一样容易。而且这一天不用太久就会到来，包括中国在内的一些国家已经启动了"真空管道超高速磁悬浮铁路"的研究项目，这种管道运输系统在理论上的速度值可达到每小时2万千米，有报道说从伦敦去纽约只需45分钟左右，从北京到华盛顿也不过是2小时内的事[83]。出壳以后当然就不满足于这样子"就近"转悠了，实际上太阳系内体积大一点的岩质星球并没有多少颗，向更远处的行星进发似乎是必然而然的。就像阿西莫夫在《银河帝国》里描写的那样，人类开启了恢弘的星际殖民运动，在银河系内如蝗虫般繁衍扩张，带着人们永不磨灭的智慧与愚昧、良知与贪婪，登上了一个个荒凉的星球，直至将整个银河系都统治起来，形成一个规模超过2 500万颗住人星球、疆域横跨10万光年、人口总数达到兆亿级的庞大的银河帝国。接下来，人们当然还会走出银河系，向更远的其他恒星系挺进。然而，这种愿望不过是异想天开而已，在相当长的历史时期内是根本不可能实现的。

星际穿越构想图

　　走出地球只是突破了封闭已久的第一层"壳"，接下来要走的路还很长很长，长得令人望而生畏，况且远方还有层层更多的"壳"在等着我们。宇宙实在是太大了，在可预见的将来，别说是大规模走向宇宙深处了，恐怕连走进银河系深处都办不到。我们所在的太阳系位于银河系的一条旋臂上，距最近的比邻星也有4.3光年之遥，这点距离在星系概念上简直算是近在咫尺，但就是这么点微不足道的空间，也相当于地球到月球距离的上亿倍，以当今航天器的速度起码要两三万年时间才能飞过去。想一想直径达10多万光年的银河系，我们怎么能走得出去呢。就算航天器的速度再提高个百十倍，要进入几万光年远的银河系中心，至少也要飞行数百万年，那比猿人至今的历史还要长，所以目前别想着挺进银河系的事，先把驰骋太阳系这一步走好再说。对于更长远的未来，暂时让脑洞大开的科幻作品尽情描述去吧。我自己不久前也出版了一部长篇科幻小说《达尔文之惑》，设想用"5D打印"的办法将地球物种移植到遥不可及的星球上去，但千万别把这种想入非非的事现在就当真。

事实上，我们的太阳系已经足够大了，人类要想踏遍太阳系还是一件极困难的事。要知道，八大行星的范围远非太阳系的全部，在其外围还有广阔的柯伊伯小行星带，它的跨度大约有100亿千米，像是一个巨大的"甜圈"包围着八大主行星区域。"甜圈"上稀疏分布着的小天体估计达10亿个，其中直径在100千米以上的小星体可能就超过3万颗。已被发现的冥王星、阋神星、妊神星、鸟神星、创神星、亡神星等等，都是"甜圈"内侧离地球相对较近且较大的星体，更多的小行星尚未被发觉。人类的触角想要伸到柯伊伯带每一处，还不知道猴年马月才能实现。

但这依然不是太阳系的边界，在柯伊伯带的外围，还有一团团由水冰等固体挥发物构成的更庞大的奥尔特星云包裹着，它的跨度远远超过了"甜圈"的距离，一直向外可以延伸到2光年之遥，再往外接近到"真空"区域才是太阳系真正的边界。我们都知道，1977年NASA发射的"旅行者1号"探测器是迄今飞离地球最远的航天器，现在已经飞了40多年仍在以每小时约6万千米的速度向远处狂奔。全世界的媒体做过很多报道，人们无不为这一"飞出太阳系"的壮举而欢呼雀跃。然而"旅行者1号"实际上是飞不出太阳系的，NASA已推算出它的能源将在2025年耗尽，而且它的一些仪器设备也正在老化失灵，就算这之后它按着惯性继续再飞几千年，也还是在奥尔特星云里打转转，离太阳系边界还远着呢。何况，如今有哪种飞行器能飞几千年还不寿终正寝、不散架的？所以说，我们不要指望"旅行者1号"以及紧随其后的"旅行者2号"能飞离太阳系，它们的功能充其量是对柯伊伯带进行初步探测，让人类的视野更开阔些。从远处回望一下主行星区域，这已经够让人震撼了，别以为带着"金唱片"去找外星人接头的美事会成真，除非外星人已进入了太阳系就在奥尔特星云那一带等着。

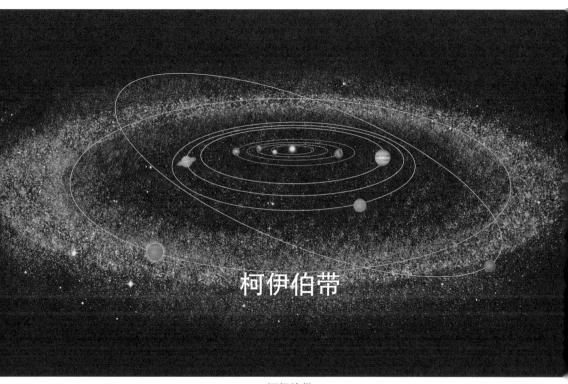

柯伊伯带

人类进化成智慧物种之后，在小小的地球上折腾了好几万年才慢慢安顿下来，并在最近几百年内迅速繁衍到目前75亿人口的规模。偌大的太阳系无疑有着更为广阔的立足潜力，按地头估算容纳上万亿人口也不在话下，但这要经过又一番艰辛的折腾才行，不可能在短期内实现。在地外每开辟一个新的生存疆域都是一项非常复杂的超大科技工程，要一步一步折腾很久很久，等到太阳系完成了一轮"生命大爆发"，也许才到迈出这个星系的时候。当然，我们也不能低估科技体爆发出的新威力，或许出壳以后会找到更快捷的办法进入银河系深处。即便如此，人们走出了地球也要先安顿下来才可能考虑向外星系进军，就像当初在地球上也是安顿了很多年，等到科技体积蓄了足够的力量，等到不打世界大战了，才有心思把目标转向太空探索。

见过俄罗斯套娃的人都知道，那种木质玩具由空心的娃娃一个套一个构成，从大到小一层层可以套着十几个。地球很像是最底层的那个娃娃，人类出壳就相当于进入了一个更大的空壳，太阳系范围就是那个更大的壳，再往外每突破一层当然又会进入新的大壳，而且越来越大。以人类现在的智慧，是没办法冲破层层大壳走遍宇宙的，就连走出太阳系都不太可能。按照《万物简史》作者比尔·布莱森的说法，以目前掌握的知识和理智的想象，任何人都绝对不会抵达太阳系的边界，永远都不会，因为那实在是太遥远了[84]。他的这种判断或许过于悲观了，但对现代地球人来说却是个事实，毕竟走出太阳系不是科幻想象，而是严肃的科技难题，起码人类没有千年万年的寿命去飞得太远。然而我们也要相信人类智慧和科技体演化的能力，难题经过代际变换迟早能解决，就像古人连离开地面航行都无法做到，今人却不仅能在大气层中航行，而且有了穿出大气层遨游太空的能力。未来的人类新亚种一定比今人更聪明，冲出太阳系这个大壳是他们那代人的使命，现代地球人无须考虑太遥远的事，走出地球进入更大的太阳系之壳才是当务之急。虽然我们已经有办法让航天器的速度超过第三宇宙速度，出壳时代也必将有更多的航天器朝着太阳系外飞行，慢慢也肯定会飞出太阳系，但那只是另一轮的"探头探脑"而已。

就目前人类尚处在走出地球的前夜来说，出壳的全球共识还没有形成，社会的合力尚未凝聚起来，技术准备也远远不够，21世纪内恐怕只能是启动出壳进程，促成预变尽快实现。预变过后的巨变可能要从下个世纪开始，人类将渐渐进入一个更大的无形之壳中。至于离开太阳系向银河系纵深挺进，那还早得很，路漫漫其修远兮。

3. 实现文明大跨越

从"人猿相揖别"之后，人类便一天天远离了丛林野蛮，在曲曲折折中一步步走向了现代文明。然而人类文明虽然取得了辉煌成就，却一直没有进入一种安全延续的发达境界，无论是物质层面的文明还是精神层面的文明，都还有待飞跃性的提高。出壳也是文明发展的转折过程，人类不仅会获得更广阔的发展空间，实现量的巨大扩张，更会得到一次质的全面提升，有望摆脱长期以来的"窝里斗"困境，跨越文明发展中的一道鸿沟。

人类文明有着丰富的内涵，最主要体现在人与大自然的关系，公序良俗的建立，以及对平等自由的精神追求等方面。在起初靠采集和渔猎为生的原始文明时期，人类对大自然的开发利用能力非常低下，基本上要受制于大自然的支配而生存，人与自然之间能够形成混沌同一的、相对自在的和谐关系。人与人之间则构成了朦胧的集体合作意识，这也是战胜凶禽猛兽的前提，大家都是吃了上顿没下顿，只能是有福同享有难同当，没有剩余财产的社会当然显得人人平等。距今大约1万年前，人类进入了开发大自然的农业文明时期，人们通过对土地的耕种和动物的驯养，练就了影响和改变自然系统的本领，并且由于劳动工具的不断改进，开发利用自然资源的能力也不断增强。随之而来的是，人们对自然资源的索取越来越疯狂，还会干出大面积放火烧山毁林之类的蠢事。但是农业文明的掠夺能力毕竟是有限的，虽然对局部地段起着一定程度的破坏作用，总体上却没有超出大自然的承受能力。这个时期，人们之间的社会关系则发生了深刻变化，有了越来越多的剩余财产，也就有了阶级分化，有了不平等的制度架构，有了城邦、民族、国家的约束，有了为争夺资源而进行的大规模自相残杀。文明的进程演化到300年前，横空出世的科技体一下子又把人类带进了工业文明时期。在短短两三个世纪内，科技体不仅从根本上促进了社会生产力的大幅提高，创造了空前的物质财富和精神财富，使人们成为大自然的主宰者和支配者，而且完成了社会政治、经济、文化及运转方式的巨大变革，"丛林法则"日益远去，理性一天天战胜愚昧，平等自由理念传遍全球。

但是，文明日益繁荣的景象，不仅没有彻底改变"窝里斗"的惯性，反而严重激化了人与自然的对立，也让人们自身的社会前景充斥着巨大的危险。一方面，人与自然的关系日趋紧张，生态危机不断加剧是显而易见的，传统的资源掠夺发展模式已经难以为继，"伟大而残酷"的工业文明快要走到尽头了；另一方面，人们向往已久的"平等自由"依然遥不可及，特别是随着AI技术、大数据技术的发展，人类社会似乎将变得更不平等、更不自由。于是近些年来，构建生态文明的理念日益深入人心，人们试图走向"伟大而美好"的生态文明阶段，对传统的工业文明进行整合、重塑并使之升华。好像这样一来，人与自然就会和谐共生，人们之间当然也会和衷共济，可以继续向着平等自由的目标迈进。

然而，生态文明不过是保护地球的另一种说法而已，权宜之计并不能成为解决问题的根本出路，这种理想境界恐怕在地球上难以实现。按照尤瓦尔·赫拉利的说法，人类现在面临的最大问题就在于生态崩溃和科技颠覆，许多理想化的描绘是给不出未来答案的。譬如，AI发展可能会让绝大多数人失业，从而形成一个庞大的无用阶级，人类社会因此将出现严重撕裂，导致前所未有的不平等。而大数据算法将剥夺人类对世界的选择权，使每个人渐渐失去决策能力，从而彻底瓦解人的自由意志[85]。出现这样的一些新情况，都是人们始料不及的。事实上人类面临的诸如生态危机这样的全球性问题，是任何一个国家都无力单独应对的，也是地球文明难以从根本上克服的，自由主义或民族主义不仅解决不了问题，反而还会成为绊脚石。

　　从本质上讲，人类文明发展至今始终走不出"窝里斗"的怪圈，其根源依然跟智人早期称霸地球之初一样，都是为了生存和发展掠夺有限的资源。早期人们立足一隅，生存所需的食物资源非常有限，疯狂掠夺的结果必然导致部落之间大打出手。即使发展到现在，我们这颗星球上的资源总量还是很有限，相对于人口迅速膨胀的需求来说，土地、粮食、能源等供给压力自工业文明以来一直大得很，要不是科技体发力在很大程度上起了缓解作用，可能世界大战天天都要打。

　　但科技体的壮大并不是一蹴而就的事，资源的采掘手段尽管一年比一年高明，却总是勉勉强强跟得上人们的需求，还不时会出现一阵子短缺危机，始终也没有让人看到"取之不尽用之不竭"的希望。这种局面维持到今天已属不易，本来指望着科技体继续发威能够彻底解决问题，然而现在"触顶"现象一出现就希望渺茫了。譬如能源问题，核能的进一步开发确实有取之不尽的前景，那要在粒子水平上再深入推进才能实现，但如今基础物理学在地球上的发展已显出了疲态，眼看也就没什么戏了。与此类似的是，经济发展各领域的源动力也将慢慢枯竭，因而地球上的"窝里斗"不但不会消失，反而会更加激烈。所幸的是人类已经变得更聪明了，过去用战争手段掠夺是一种低损耗高利润的事，现在靠战争手段则是一种得不偿失的事，甚至会自取灭亡。可是地球村已没有腾挪的余地，不抢不夺几乎不可能，于是国际贸易冲突、科技战、货币战等貌似斯文的明争暗斗就会愈演愈烈，说不定哪天斗急了眼还会干出愚蠢的举动，引发野蛮的大规模战争。所以说，文明演化也像鱼一样越长越大注定要游向江河大海，始终在小水沟里打转转的结果，即使不被上苍宰杀，也早晚会憋死。

　　消除"窝里斗"这个顽疾，让地球文明摆脱困境来一场跃变，只有在出壳时代才有可能，直观感觉就能告诉我们这点。广阔的太阳系有着丰富的资源，月球上有氦3、土卫六上有液化天然气、小行星上有铂金等资源，这些已被初步探明，并且还会找到更充裕更新奇的可利用资源，这对地球村的人们来说就有着"用之不竭"的意义了。

出壳一旦行动起来，人类的视野必将越来越开阔，游向了大海自然不会总盯着小水沟里那点事了。实际上，太空开发无疑需要广泛的国际合作，随着时间的推移，人们会把更多的精力转向地球以外，国际间贸易冲突之类的争斗也就会日益淡化，零和博弈的思维逻辑也会慢慢失去市场。特别是面对广袤无垠的太阳系，以军事力量固守一片疆域的意义越来越小，人们便会把原来用于军事发展的巨量资源一点点转移到出壳上来，"窝里斗"的总根子慢慢就会发生动摇，和平发展这才有了美梦成真的可能。同时，科技体在出壳以后的大伸展，也必将由原理上的突破带来更多的新技术，会找到养育更多人口的新手段，人类创造新资源及循环利用资源的能力将变得易如反掌，这会从根本上改变对天然资源的一贯依赖。

"窝里斗"根源的渐渐消除，必将带来人类文明水平的大幅度提升，太阳系文明的主流社会意识应该是朝着大爱无疆的方向前进。文明的发达程度到了不再需要攫取生存资源的时候，资源的争夺也就变得毫无意义了。到那时，即使人类真的碰到了比自己弱小的外星物种，也绝不可能去欺凌人家，已没必要与外星物种争夺任何资源。物质决定意识这话没错，我们也不要轻信外星人有朝一日会来地球上屠城的说法，因为能够穿越浩瀚太空来到我们身边的外星智慧物种，其文明程度绝不会停留在掠夺、杀戮的低层次水平上。将心比心，人类未来的后代同样会脱离低级文明，在出壳时代实现文明的大跨越。

出壳时代的文明转型，是科技体引领下由星球文明迈向星系文明的一次飞跃。太阳系文明的内涵肯定比地球文明更丰富，除了体现在人与自然的关系、人与人的关系等方面之外，人与科技体的关系将成为最重要的组成部分。因而，处理好人与科技体的关系，是这次文明转型的关键。毋庸置疑，科技体击穿"天花板"出壳以后，物理学、化学、生命科学、认知科学等都将带来一系列新突破，如何跟威力更强大的科技体和谐相处，就像跟大自然和谐相处一样是个重大问题。过去在地球上，人类文明的演进主要是靠心智及文化的长期积累构建起来的，人们的愿望和目标用的都是地球上形成的思维习惯去表述。太阳系文明无疑要面临思维体系的重构任务，人们不仅要适应更大的太阳系环境，也要适应科技体演化出的新趋向，以及这种趋向带来的心智方面的变革。其中的一个变革现在已经初露端倪，那就是"人类思维+机器思维"的出现。这种超出人的心智范畴的思维方式，在改变传统的表述习惯的同时，也就相应地改变了人类的愿望和目标本身，因为这样的愿望和目标将来一定蕴含着智能机器的利益，虽然目前的弱AI还没有自我意识，但人们不得不有所思想准备。

地球文明向太阳系文明演化，当然要超越地球人的思维框框。人类要想适应太阳系大环境，就不能被地球上形成的智能算法所左右，更不能沦为"高级算法"的奴隶，而要以更开阔的视野与科技体携起手来，共同打造崭新的人类文明。在未来的出壳进程中，地球以外的许多探险活动、建设工作都要靠智能机器去完成，机器作为人力延伸的意义不太可能改变。实际上，人们有足够的自信心打造未来的星系文明，也有足够的能力驾驭智能机器，哪怕以后的"高级算法"远超人类。在很大程度上，人类与AI将来谁控制谁的问题，其实是个伪命题。我们都清楚，文明是基于社会力量而形成的，单个机器的智能水平再高也不足以颠覆庞大的人类社会，许多大型动物当初都不敌弱小的人类，就是由于人类的社会化程度较高所致。何况智能机器就算具备了形成社会力量的能力，那也是需要一个过程的，人类只要保持着必要的警觉性，就完全能把智能机器的社会化消灭在萌芽状态中，机器为人类服务的格局不会轻易改变，除非全人类的智慧突然清了零。

然而，有一种发展趋向却是非常危险的，那就是"人机融合"。虽然目前的所谓融合还只是一种概念，离实际融合还远得很，但出壳以后基础科学的发展却可能加速这种融合的实现，这才是最令人担忧的。本来，人类是人类，机器是机器，机器再强大也改变不了作为人类工具的本质。"人机融合"的危害则在于模糊了人与工具机器的界限，会让掌握了这种技术的少数精英失去理智，把自身先打造成为力量强大的"超人"阶层，而去压迫更多的普通人，这样一来人类文明就会出现大倒退，甚至彻底崩溃。因而绝不能允许这种结局出现，我们推进"人类思维+机器思维"的技术，要强调二者的"结合"，而不是"融合"，必须始终区分人类与工具的界限，坚持二元化发展就是坚守人类文明的底线。习惯于为发展经济而奋斗的人们，要迎接一场大伸展、大突破的出壳时代，就理当汲取历史教训，肩负起打造太阳系文明的崇高使命，而不是盲目前进，让近代以来人与自然日益失调的历史重演。更好适应科技体的演化，坚持有所为有所不为，让人类与科技体走上一条和谐发展的道路，这本身就是星系文明的重要内容。人类从现在开始就应当有意识地面向出壳，进行自我塑造、自我反省，为构建更高级的文明奠定基础。

人类文明就像是地球母亲孕育的胎儿，却不可能一直在娘胎里待着。很快就将面临分娩的一刻了，我们当然要勇敢地离开母体去迎接新的成长期的到来。出壳一步步远离地球的意义也正在于此，未来的太阳系文明才是人类新的成长期。全人类应该早日携起手来，尽快跳出"窝里斗"的泥潭，共同迎接出壳时代的来临。

参考文献

1. CARL HAUB. How Many People Have Ever Lived on Earth?［EB/OL］.（2015-04-18）［2020-03-20］. https://www.doc88.com/p-6913257466571.html.

2. 卡尔萨根. 暗淡蓝点［M］. 叶式辉，黄一勤，译. 北京：人民邮电出版社，2014.

3. WMO. Global Warming of 1.5℃［EB/OL］.［2020-03-20］. https://www.ipcc.ch/report/sr15/.

4. 罗素. 西方哲学史（上卷）［M］. 何兆武，李约瑟，译. 北京：商务印书馆，2015.

5. 李勇，青木，陶短房，等. 在太空部署武器，美国这是要终结人类探索外太空的梦想？［EB/OL］.（2018-08-11）［2020-04-05］. https://world.huanqiu.com/article/9CaKrnKbg6O.

6. ROBERT WALKER，End Of All Life On Earth-A Billion Years From Now-Can It Be Avoided-And Who Will Be Here Then?［EB/OL］.（2015-06-04）［2020-03-20］. https://www.science20. com/robert_inventor/end_of_all_life_on_earth_a_billion_years_from_now_can_it_be_avoided_and_who_will_be_here_then-155947.

7. 周长发，杨光. 物种的存在与定义［M］. 北京：科学出版社，2011.

8. 合肥网. 霍金预言2600年，看到他对2032年的预言，有人害怕了［EB/OL］.（2017-11-09）［2020-03-20］. https://news. wehefei. com/system/2017/11/09/011140440. shtml.

9. 钛媒体App. 霍金：移民太空是避免世界末日最好方式［EB/OL］.（2017-11-06）［2020-03-20］. https://www.sohu. com/a/202600176_116132.

10. 乔·卡伦. 创业简史［M］. 王瑶译. 北京：中国人民大学出版社，2017.

11. 张庆麟. 赖尔——地质科学的奠基者［J］. 自然杂志，1987（02）：61-66.

12. 凯文·凯利. 失控［M］ 张行舟，陈新武，王钦，等译. 北京：电子工业出版社，2016.

13. 佚名. Problems in Protein Evolution［EB/OL］.（2001-10-01）［2020-03-25］. https://cs. unc. edu/~plaisted/ce/blocked. html

14. MICHAEL J. Behe，Darwin's Black Box：The Biochemical Challenge to Evolution［EB/OL］.［2020-03-20］. https://www.researchgate. net/publication/255721514_Darwin's_Black_Box_The_Biochemical_Challenge_To_Evolution.

15. 真善美. 从科学的角度阐述精彩的辩论［EB/OL］.（2009-03-09）［2020-04-05］. https://blog. sina. com. cn/s/blog_46f0f4890100cdh3. html.

16. 中国日报网. 科学家发现37亿年前生物化石，刷新地球古老生命记录［EB/OL］.

（2016-09-01）［2020-04-15］. https://world. huanqiu. com/hot/2016-09/9389928. html.

17. JAMES O. The Complete Dinosaur［M］. Indiana：Indiana University Press，1997.

18. 腾讯科技. 人类与猿类于1000万年前在非洲"彻底分家"［EB/OL］.（2016-02-13）［2020-04-06］. https://tech. qq. com/a/20160213/005877. htm.

19. 尤瓦尔·赫拉利. 人类简史［M］. 林俊宏，译. 北京：中信出版社，2014.

20. ZENITH. 生而为人的这700万年［EB/OL］.（2018-09-23）［2020-04-20］. https://mp.weixin.qq.com/s/I1bRre-OqMvCCo6kXkIAsA.

21. 郝守刚. 生命的起源与演化［M］. 北京：高等教育出版社，2000.

22. 逆灿娱乐. 基因突变率降低，人类不进化了？研究表明：新生儿还在持续变异！［EB/OL］.（2019-05-08）［2020-04-05］. https://dy.163.com/article/EELVTNUV05373JAK.html.

23. 韦火. 科技创新300年［M］. 广州：南方日报出版社，2019.

24. TIM FERNHOLZ. Rocket Billionaires：Elon Musk，Jeff Bezos，and the New Space Race［M］. Boston：HMH，2018.

25. ALENG. 杰夫·贝索斯：未来会出现1000个爱因斯坦，1000个莫扎特［EB/OL］.（2018-05-02）［2020-04-05］. https://baijiahao.baidu.com/s?id=1599314375577593123.

26. 李蓉慧. 逐鹿太空［J］. 第一财经周刊，2018（13）：64-68.

27. 赵洋. 2030年的太空［EB/OL］.（2011-02-10）［2020-04-05］. http://www.spacechina.com/n25/n148/n272/n4787/c105865/content.html.

28. 张保庆，吴勤，张梦湉，等. 航天发展新动力：商业航天［M］. 北京：中国宇航出版社，2017.

29. 马俊. 专家谈中国商业航天如何"逆袭"［N］. 环球时报，2018-04-25（8）.

30. 凯文·凯利. 科技想要什么［M］. 严丽娟，译. 北京：电子工业出版社，2016.

31. KEVIN KELLY. what technology wants?［M］. New York：Viking Press，2010.

32. 恩格斯. 自然辩证法［M］. 北京：人民出版社，2015.

33. 柯林伍德. 自然的观念［M］. 吴国盛，译. 北京：北京大学出版社，2006.

34. 汉斯·布鲁门格. 神话研究（下）［M］. 胡继华，译. 上海人民出版社，2014.

35. 丹皮尔. 科学史［M］. 李珩，译. 北京：中国人民大学出版社，2010.

36. 汤浅光朝. 解说科学文化史年表［M］. 张利华，译. 北京：科学普及出版社，1984.

37. 艾伦. 开门：创新理论大师熊彼特［M］. 马春文，译. 长春：吉林人民出版社，2011.

38. 默顿. 社会理论和社会结构［M］. 唐少杰，齐心，译. 南京：译林出版社，2015.

39. 李泳. 费曼为量子电动力学奉献了一种划时代的方法，却说"没人懂量子力学"〔EB/OL〕.（2016-09-24）〔2020-03-05〕. https://chuansongme. com/n/854960452496.

40. 考恩. 大停滞？——科技高原下的经济困境：美国的难题与中国的机遇〔M〕. 王颖，译. 上海：上海人民出版社，2015.

41. D·普赖斯. 小科学，大科学〔M〕. 宋剑耕，戴振飞，译. 世界科学社，1982.

42. 薛定谔. 生命是什么〔M〕. 罗来欧，罗辽复，译. 长沙：湖南科学技术出版社，2007.

43. 克劳斯·施瓦布. 第四次工业革命：转型的力量〔M〕. 李菁，译. 中信出版集团，2016.

44. 肖恩卡·罗尔. 生命的法则〔M〕. 贾晶晶，译. 杭州：浙江教育出版社，2018.

45. 前瞻网. 小行星"龙宫"结构揭秘：轻盈多孔蓬松　就像"冻干咖啡"〔EB/OL〕.（2019-03-17）〔2020-04-05〕. http://www.asterank.com/.

46. 中国新闻网. 化学元素周期表150周年：部分元素百年内或消失〔EB/OL〕.（2019-01-31）〔2020-03-25〕. https://www.chinanews. com/gj/2019/01-31/8744093. shtml.

47. 佚名. 太空农业：铺路者与开拓之地〔J〕. 飞碟探索，2017（5）：9-13.

48. 邹均，张海宁，唐屹，等. 区块链技术指南〔M〕. 北京：机械工业出版社，2016.

49. 德内拉·梅多斯，乔根·兰德斯，丹尼斯·梅多斯. 增长的极限〔M〕. 李涛，王智勇，译. 北京：机械工业出版社，2006.

50. 杜宏灿. 在引领5G的道路上　高通任重而道远〔EB/OL〕.（2020-03-02）〔2020-04-05〕. http://mobile.zol.com.cn/739/7390677.html.

51. YUNXIANG BAI, RUFAN ZHANG, XUAN YE, et al. Carbon nanotube bundles with tensile strength over 80 Gpa〔EB/OL〕.（2018-05-14）〔2020-03-30〕. https://www. nature. com/articles/s41565-018-0141-z.

52. 360百科. 月球基地〔EB/OL〕.〔2020-03-05〕. https://baike. so. com/doc/5933789-6146719. html.

53. NASA. Scientists figure out how to build future space stations inside asteroids〔EB/OL〕.（2019-02-09）〔2020-03-21〕. https://www.rt. com/news/451062-asteroid-mining-study-gravity/.

54. 贝尔纳. 历史上的科学〔M〕. 北京：科学出版社，1959.

55. 赵红州，蒋国华. 凯德洛夫论自然科学与社会科学的汇流〔J〕. 自然辩证法研究，1989（4）：10-19.

56. 郭元林，韩永进. "带头学科"学说值得商榷〔J〕. 天津大学学报（社会科学版），2015（1）：45-49.

57. 丁阳. 杨振宁反对建造巨型对撞机的看法难能可贵〔EB/OL〕.（2016-09-05）〔2020-03-05〕. https://view. news. qq. com/original/intouchtoday/n3639. html.

58. 商务范. 日本亿万富豪告诉你，有钱真的可以上天〔EB/OL〕.（2018-09-

22）［2020–03–05］. https://www.sohu. com/a/255465806_115837.

59. LIU Y，LORMES W，WANG L, et al. Different skeletal muscle HSP70 responses to high–intensity strength training and low–intensity endurance training［J］. European Journal of Applied Physiology，2004，91（2–3）：330–335.

60. 王景涛，葛培文. 微重力环境利用［J］. 物理，2000，29（11）：665–673.

61. 王林杰，曲丽娜，李英贤，等. 我国失重生理学研究进展与展望［J］. 航天医学与医学工程，2018，31（002）：131–139.

62. 吴大蔚，沈羡云. 失重或模拟失重时脑循环的改变［J］. 航天医学与医学工程，2000，13（005）：386–390.

63. 黄文娟，谢斌，张文毅，等. 建立医用失重舱进行康复治疗的思考［J］. 医学综述，2010，16（20）：3117–3119.

64. MEREDITH WADMAN. Brain–altering magnetic pulses could zap cocaine addiction［EB/OL］2017–08–29［2020–03–08］. https://www.sciencemag. org/news/2017/08/brain–altering–magnetic–pulses–could–zap–cocaine–addiction.

65. 梁建章，黄文政. 人口创新力——大国崛起的机会与陷阱［M］. 北京：机械工业出版社，2018.

66. 和讯名家. 2100年中国人口或"雪崩"至6亿，你知道这有多可怕么？［EB/OL］. （2018–01–24）［2020–03–06］. https://news. hexun. com/2018–01–24/192303513. html.

67. UNITED NATIONS. world population ageing 2015［EB/oL］.［2020–04–02］. https://www.un. org/en/development/desa/population/publications/pdf/ageing/WPA2015_Report.pdf.

68. 昆明市图书馆. 2019全球老龄化国家排行榜，日本27%全球第一，中国排名第十［EB/OL］. （2019–03–26）［2020–03–06］. https://www.sohu. com/a/303829855_99958728.

69. 陈卫. 国际视野下的中国人口老龄化［J］. 北京大学学报（哲学社会科学版），2016（06）：84–94.

70. 袁野. 丁克家庭的心理学成因初探［J］. 湖南第一师范学院学报，2007，07（03）：165–167.

71. 经验多的妈咪. "人造子宫"问世，已成功培育早产羔羊，女性再也不用生娃了？［EB/OL］. （2019–02–06）［2020–04–05］. https://www.sohu.com/a/293489591_100062867.

72. 袁蜜. 《现代汉语词典》（第7版）新增词语研究［J］. 明日风尚，2018（18）：296–299.

73. 易子yizi. 基本常数之谜［EB/OL］. （2007–12–16）［2020–04–05］. http://blog.sina. com.cn/s/blog_4fa7a26601000bky.html.

74. 金宜久. 当代宗教的发展趋势［J］. 中国宗教，2006（2）：14–17.

75. 范丽珠，陈纳. 全球宗教复兴时代的到来：现状与前景［J］. 文化纵横，2015
（02）：32-42.

76. JOLENE CREIGHTON. The Kardashev Scale-Type I, II, III, IV & V Civilization［EB/
OL］.［2020-03-06］. https://futurism. com/the-kardashev-scale-type-i-ii-iii-iv-v-
civilization.

77. DAVID BIELLO.Earth's Tilt Spawns Rise and Fall of Species［EB/OL］.（2007-12-
16）［2006-10-11］. https://www.scientificamerican.com/article/earths-tilt-spawns-
rise-a/.

78. 姜欢欢，温国义，周艳荣，等. 我国海洋生态修复现状、存在的问题及展望［J］.
海洋开发与管理，2013，30（001）：35-38，112.

79. 西蒙·蒙蒂菲奥里. 耶路撒冷三千年［M］. 张倩红，马丹静，译. 北京：民主与建
设出版社，2015.

80. 中国日报. 欧洲大型强子对撞机可能撞出黑洞毁灭地球（图）［EB/OL］.（2008-
09-01）［2020-03-06］. https://news. sohu. com/20080901/n259304974. shtml.

81. 史钧. 疯狂人类进化史［M］. 重庆：重庆出版社，2016.

82. SOPHIE CURTIS. NASA chief warns killer asteroid could smash into Earth within our
lifetime［EB/OL］.（2019-04-30）［2020-03-06］. https://www.mirror. co. uk/
science/nasa-chief-warns-killer-asteroid-14973743.

83. 造价通网. 真空管道运输［EB/OL］.（2007-12-16）［2020-04-11］. https://
m.zjtcn.com/baike/zkgdys.

84. 比尔·布莱森. 万物简史［M］. 严维明，陈邕，译. 南宁：接力出版社，2005.

85. 尤瓦尔·赫拉利. 今日简史［M］. 林俊宏，译. 北京：中信出版集团，2018.